江苏省高等教育教改研究重点课题(项目编号 2015JSJG066)

江苏省教育科学"十二五"规划重点课题(项目编号 B—b/2015/01/032)

机器人技术与创新实践

——光电搬运机器人实战

王 军 李 明 陈世海 吴保磊 编著

中国矿业大学出版社

图书在版编目(CIP)数据

机器人技术与创新实践:全 2 册/王军等编著.—徐州 :
中国矿业大学出版社,2015.12
　　ISBN 978 - 7 - 5646 - 2327 - 2

　　Ⅰ. ①机… Ⅱ. ①王… Ⅲ. ①机器人工程 Ⅳ.
①TP24

　　中国版本图书馆 CIP 数据核字(2014)第 086193 号

书　　名	机器人技术与创新实践——光电搬运机器人实战
编　　著	王　军　李　明　陈世海　吴保磊
责任编辑	褚建萍
出版发行	中国矿业大学出版社有限责任公司
	(江苏省徐州市解放南路　邮编 221008)
营销热线	(0516)83884103　83885105
出版服务	(0516)83995789　83884920
网　　址	http://www.cumtp.com　E-mail:cumtpvip@cumtp.com
印　　刷	江苏淮阴新华印务有限公司
开　　本	787 mm×960 mm　1/16　分册印张 8.75　分册字数 170 千字
版次印次	2015 年 12 月第 1 版　2015 年 12 月第 1 次印刷
总 定 价	41.00 元(全两册)

(图书出现印装质量问题,本社负责调换)

前　言

"为什么我们的学校总是培养不出杰出人才?"这一著名的"钱学森之问"是关于中国教育事业发展的一道艰深命题,需要整个教育界乃至社会各界共同破解。培养创新创业人才已成为世界各国高等教育共同的价值追求,不仅是理论问题,更是重要的工程实践问题。

本丛书紧扣"卓越工程师计划""中国制造2025计划"等对大学生工程实践能力培养的要求,以中国工程机器人大赛暨国际公开赛"双足竞步机器人""体操机器人""仿人竞速机器人""搬运工程机器人"等机器人比赛项目为背景,以创新为目标、项目为抓手、应用为目的、工程为导向,基于具体工程任务,按照"提出任务—分解项目—实现功能"的思路,每本书介绍一个完整的机器人制作方法,为一个完整的工程实例。

本丛书在介绍机器人基础知识、基本元器件和基本制作方法的基础上,着重从创新实践和工程实训的角度,剖析机器人竞赛项目工程任务,从机械仿真、嵌入式芯片、电机、传感器等实践角度,让学生有更多的动手实践和亲身参与机会。并面向实践实训内容选择多层次的竞赛机器人工程对象,设计了一整套完整的体系结构、完整的开源程序、完整的配套PPT、完整的网络资源。丛书内容条理清晰,力图在精炼地阐述机器人基础理论与技术方法的基础上,通过各种机器人系统实例的分析,将理论与实践系统地融会贯通,强调培养学生的动手实践能力。

贯穿本丛书的"工程成长"教学理念(Engineering Growth Teaching Concept,EGTC)是编写组在长期从事机器人实践教学、创新教育、工程实践探索中总结凝练而成的一种教学理念。这种教学理念是基于工程素质提升和卓越工程师计划等概念,形成的一种以学生为主体、教师伴随成长、工程素质逐步提升、持续成长的教学理念,强调在扎实的"工程知识"基础上培养敏锐的"工程思维",从而能够正确判断问题,形成把构思变为现实的"工程实践"能力,并在实践中敢于做"工程创新",善于创新创业。即培养电类专业学生的"知识、思维、成员实践、创新"等四种工程能力,并在实际培养中灌输以工程任务为目标,重实践、养习惯、勤疑问等教学理念。

　　本丛书可作为高等学校自动化、电子科学、机械、电气工程、计算机等专业本科生的教材,也可作为机器人爱好者的学习资料。丛书的编写人员均具有高级职称或博士学位,长期从事机器人技术的教学研究和机器人创新教育的探索与实践工作,拥有多年指导大学生机器人竞赛的经历,对于将机器人技术融入工程实践环节和实验实训环节有着丰富的理论和实践经验。

　　本丛书中的部分书稿讲义在天津大学、山东大学、中国矿业大学、空军勤务学院、西北师范学院、天津工业大学、西安航空学院等高校近几年的教学过程中被使用,知识内容和结构体系受到了广大学生的欢迎;编者的同行们也对此给以肯定,并在近几年的教学中使用了部分讲义和多媒体资源。本书正式出版后,预期会成为众多高校机器人实践教学的推荐教材。此外,每年有几百所高校、上万名学生参加中国工程机器人大赛和其他机器人竞赛活动,作为有着很强实践意义的指导用书,本丛书一定有着较为广阔的市场。

编　者

2015 年 12 月

目　　录

绪　　论

1　搬运机器人现实应用——仓库管理机器人

电子商务可以说是目前互联网行业里最热门的领域,数据显示在阿里首创"双11"以来,交易额从2009年的0.6亿元人民币狂飙至2014年的571亿元人民币,2015年又以921亿元人民币收官。在庞大交易数据的背后,是对电商供应链管理能力的考验。一个良好的供应链管理,可以提高电商的库存管理能力与配载能力,从而提高市场核心竞争力。目前多家电商都在使用仓储机器人进行货物管理和装载。工业4.0时代,机器人无疑是提升效率的最佳工具。

Kiva机器人是亚马逊在2012年斥资7.75亿美元收购Kiva Systems公司的机器人项目(见图0.1)。Kiva重约320磅(145 kg)虽然体积小可搬运货物却是个大力士,其顶部有一个升降圆盘,可抬起重达720磅(340 kg)的物品。Kiva机器人会通过扫描地上条码前进,能根据指令的订单将货物从仓库所在的货架搬运至员工处理区,这样工作人员每小时可挑拣、扫描300件商品,效率是之前的三倍,并且Kiva机器人准确率达到了99.99%。

图0.1　Kiva机器人

　　亚马逊的运作模式可以简单地用四个字概括:货架到人,即机器人可以根据订单需要及库存信息,自动驶向货架并将其抬起送到配货站,配货员面前的电脑会提示配货订单所需商品在货架的哪个货位上,伸手取下即可,员工全程无须走动。

　　仓储配货工作量最大的环节有五个:① 拣选,② 位移(包括拣选期间的位移和拣选完成后包装台的位移),③ 二次分拣,④ 复核包装,⑤ 按流向分拣。

　　其中,②、⑤可以通过传输线和二维扫码的方式自动化实现,这几乎在大部分现代化仓库中都已经实现了。但①、③、④由于需要进行细致的识别货物,一般都是人工完成,而且人工量巨大。收购 Kiva 之后,货架到人的核心思路是取消拣选人员,直接通过 Kiva 机器人把货架搬到复核包装人员的边上,由复核包装人员完成拣选、二次分拣、打包复核三项工作,将人员数量压到最低,同时也取消了原来传输线完成的位移动作。

　　2015 年 9 月亚马逊宣称,已有 3 万余台 Kiva 机器人穿梭在其 13 个配送中心,2014 年节省了 9.16 亿美元的成本。

2　为比赛设计的搬运机器人——搬运机器人

2.1　比赛场地介绍及任务要求

　　(1)场地示意图

　　场地示意图如图 0.2 所示。

　　(2)比赛任务

　　比赛分两个环节:第一个环节为从暗箱中放置的 5 种不同颜色的物料随机抽取 3 种颜色物料,依次放置在场地上标示为 A、C、E 的位置,机器人将这三个物料分拣搬运到对应的颜色区域;第二个环节为将 F、G 两个储料区的共计 10 个物块取出分拣搬运至对应颜色区域。每次搬运物料的数量和选择的路径不限,在规定时间内,机器人从出发区出发,完成物料的分拣搬运,回到出发点。

2.2　针对场地与任务的解决方案

　　针对场地与任务的解决方案如表 0.1 所示。

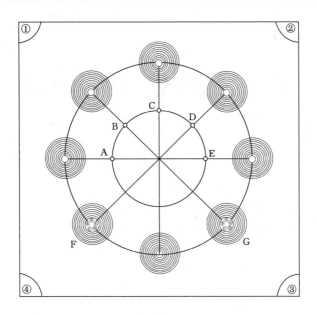

图 0.2　比赛场地示意图

表 0.1　　　　　　　　　　针对场地与任务的解决方案

任务类型	任务需求	解决方案
硬件设计	小车运动	轮子＋360°舵机
	循线运动	灰度传感器
	小车转向时保持车体平衡	万向轮
	抓取物品	夹子＋钩子＋180°舵机
	物料颜色识别	颜色传感器
	系统控制	KL25 控制板与底板
软件设计	搬运路径选择与优化	搬运策略
	颜色识别	颜色识别策略
	循线行走	循线策略
知识储备	安装、调试	机械安装基础知识
		电路基本原理
	软件编写	C 语言基础知识
	程序调试与下载	IAR 编程环境的使用

实验 1　机械系统装配实验

1　实验目的

1.1　了解搬运机器人基本机械结构组成；

1.2　掌握搬运机器人机械结构的基本装配；

1.3　了解并完成搬运机器人机械结构的参数调整。

2　实验器材

2.1　搬运机器人铝合金结构件 1 套；

2.2　行走动力装置 1 套；

2.3　抓取动力装置 1 套；

2.4　主控制板 1 套；

2.5　循线传感器 8 个；

2.6　颜色传感器 1 个；

2.7　基本机械安装工具套装。

3　预习内容

3.1　实物认知

（1）认识搬运机器人机械系统各个部件，如图 1.1 所示。

（2）搬运机器人机械系统各个部件功能，如表 1.1 所示。

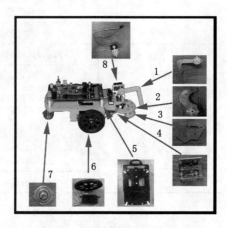

图 1.1　机械部件示意图

表 1.1

序号	部件名称	部件功能
1	小车钩子	容易钩取 F、G 处物料
2	前爪夹子	夹持稳定,物块不容易掉
3	灰度传感器挡板	减少外界光线对颜色识别的干扰
4	颜色传感器挡板	减少外界光线对颜色识别的干扰、保证物料与传感器之间 8 mm 的距离
5	小车车架	车体总支撑
6	小车轮子及车轮舵机	小车运行动力部件
7	万向轮	支撑车体
8	舵机	小车钩取物料、夹住物料动力部件

3.2　搬运机器人机械系统组装步骤

第 1 步　灰度传感器组装。

搬运机器人有三排灰度传感器:第一排为夹子灰度传感器,第二排为车架下方四个传感器,第三排为车架下方轮子内侧各有一个传感器,分别按照图 1.2、图 1.3 所示进行安装。

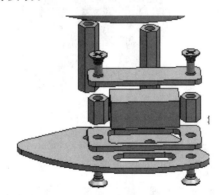

图 1.2　夹子灰度传感器安装

第 2 步　车轮舵机的安装。

车轮舵机安装在车架中部,分别由四颗螺钉固定,舵机齿轮处朝前,如图 1.4 所示。

第 3 步　车轮的安装。

将车轮用螺丝固定在安装好的车轮舵机上,如图 1.4 所示。

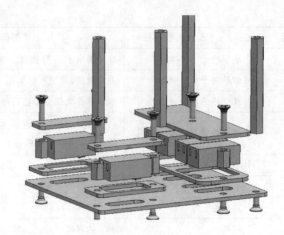

图 1.3　底座两排灰度传感器安装

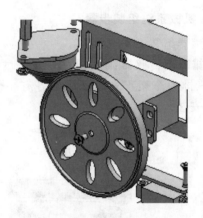

图 1.4　车轮舵机安装

第 4 步　颜色传感器的安装。

将颜色传感器固定在传感器 U 形支架上,这样做的目的是使传感器在识别物料的时候保持 8 mm 的距离,防止距离不准确,影响颜色识别的精度,并通过 I 形支架安装在车体上,如图 1.5 所示。

第 5 步　夹子及其根部舵机安装。

将左右夹子舵机安装在车架上,并将安装好灰度传感器的夹子固定在舵机上,如图 1.6 所示。

第 6 步　钩子及根部舵机安装。

将钩子底部舵机安装在车架上,将钩子安装在另一个舵机上,将两个舵机组装到一起,形成钩物系统,如图 1.7 所示。

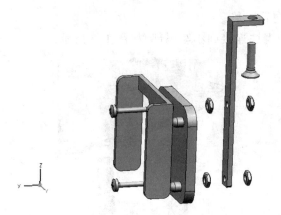

图 1.5　颜色传感器安装

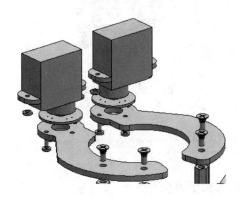

图 1.6　夹子及其根部舵机安装图

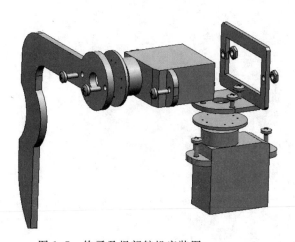

图 1.7　钩子及根部舵机安装图

第 7 步 万向轮安装。

将万向轮用铜柱连接到小车尾部，如图 1.8 所示。

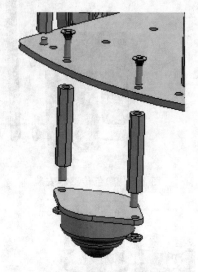

图 1.8　万向轮安装图

4　思考题

4.1　搬运机器人钩子有何作用？

4.2 安装钩物系统与抓物系统的过程中有时会出现舵机不能旋转的情况,为什么? 如何解决?

4.3 搬运机器人机械系统安装有无更好的顺序?

5 实验要求

5.1 能独立进行搬运机器人机械系统的安装；

5.2 能对搬运机器人机械系统各个参数进行调整。

6 实验步骤

7 自我思考与自我提问

实验 2　电气系统装配实验

1　实验目的

1.1　了解搬运机器人基本电气结构组成；

1.2　掌握搬运机器人电气结构的基本装配；

1.3　了解并完成搬运机器人电气结构的参数调整。

2　实验器材

2.1　主控制板 1 套；

2.2　循线传感器 8 个；

2.3　颜色传感器 1 个；

2.4　万用表 1 台；

2.5　示波器 1 台；

2.6　信号发生器 1 台。

3　预习内容

3.1　实物认知

（1）飞思卡尔 Kinetis 系列微控制器简介

飞思卡尔在 2010 年飞思卡尔技术论坛（FTF2010）美国站推出了 Kinetis 系列微控制器。面向领域不同，Kinetis 系列基于 ARM Cortex—M 内核陆续推出了 Kinetis K 系列、L 系列、M 系列、W 系列。

① Kinetis K 系列

飞思卡尔的 Kinetis K 系列产品组合有超过 200 种基于 ARM Cortex—M4 结构的低功耗、高性能、可兼容的微控制器。

目标应用领域是便携式医疗设备、仪器仪表、工业控制及测量设备等。

② Kinetis L 系列

飞思卡尔的 Kinetis L 系列 MCU 不仅汲取了新型 ARM Cortex—M0＋处理器的卓越能效和易用性、低功耗、低价格、高效率，而且体现了 Kinetis 产品优质的性能、多元化的外设、广泛的支持和可扩展性。它适用于价格敏感、能效比相对较高的领域，如手持设备、智能终端等。

③ Kinetis M 系列

飞思卡尔的 Kinetis M 系列也是基于 32 位 ARM Cortex—M0＋内核的 MCU。

目标应用领域是经济高效的单相或两相电表设计领域。

④ Kinetis W 系列

飞思卡尔的 Kinetis W 系列 MCU 扩展了 Kinetis K 系列基于 ARM Cortex—M4 的成功之处。

目标应用领域是智能电表、传感器控制网络、工业控制、数据采集等。

（2）Kinetis L 系列 MCU 的简明特点

① 内核单周期访问内存速度可达 1.77 CoreMark/MHz。

② 执行跟踪缓冲区：实现轻量级追踪解决方案，更快定位修正"bug"。

③ BME（Bit Manipulation Engine）：位带操作引擎技术支持对外围寄存器的操作，与传统的读、修改、写技术相比，减轻代码量和周期数。

④ 对外设和内存，最多提供 4 通道 DMA 请求服务，同时最大化减轻 CPU 介入。

⑤ CPU 工作频率最大可支持 48 MHz。

（3）Kinetis L 系列 MCU 的型号标识

飞思卡尔 Kinetis 系列 MCU 的型号众多，但同一子系列的 CPU 核是相同的，多种型号只是为了适用于不同的应用场合。Kinetis L 系列命名格式为："QKL＃＃AFFFRTPPCC（N）"，如表 2.1 所示。

表 2.1　　　　　　　　　　Kinetis L 系列芯片命令字段说明

字段	说　　明	取　　　　值
Q	质量状态	M＝正式发布芯片；P＝工程测试芯片
KL＃＃	Kinetis 系列号	KL25
A	内核属性	Z＝Cortex—M0＋
FFF	程序 Flash 大小	32＝32 KB；64＝64 KB；128＝128 KB；256＝256 KB
R	硅材料版本	（空）＝主要使用的版本；A＝主要使用版本的更新

字段	说　　明	取　　值
T	运行温度范围	V＝－40～105 ℃
PP	封闭类型	FM＝32QFN(5 mm×5 mm)；FT＝48QFN(7 mm×7 mm)；LH＝64LQFP(10 mm×10 mm)；LK＝80LQFP(12 mm×12 mm)
CC	CPU 最高频率	4＝48 MHz
N	包装类型	R＝卷包装；(空)＝盒包装

（4）Kinetis L 系列 MCU 的共性

Kinetis L 系列 MCU 由五个子系列组成,分别是:KL0x、KL1x、KL2x、KL3x、KL4x。从应用的角度看,KL0x 属于入门级芯片,KL1x 属于通用型芯片,而 KL2x、KL3x、KL4x 则更具针对性,KL2x 系列具有 USB OTG 技术,KL3x 系列支持段式 LCD,KL4x 系列为 KL 的旗舰系列,支持功能也最丰富。Kinetis L 系列 MCU 在内核、低功耗、存储器、模拟信号、人机接口、安全性、定时器及系统特性等方面具有一些共同特点。

（5）KL25 子系列 MCU 简介

CPU 工作频率为 48 MHz;工作电压为 1.71～3.6 V;运行温度范围为－40～ 105 ℃;具有 64 B 的 Cache;具有 USB OTG、定时器、DMA、UART、SPI、IIC、TSI、16 位 ADC、12 位 DAC 等模块。

（6）KL25 系列存储映像

KL25 把 M0＋内核之外的模块,用类似存储器地址的方式,统一分配地址。

① ROM 区(FLASH 区)存储映像

片内 ROM 区地址空间(0x0000_0000～0x1FFF_FFFF),用来存储程序代码、中断向量表、只读数据等,总计 512MB。MKL25Z128VLK4 为 128 KB,其地址为:0x0000_0000～0x0001_FFFF。

② RAM 区存储映像

片内 RAM 区用来存储数据,包括堆栈,也能用来存储程序代码。

（7）KL25 的引脚功能

搬运机器人采用的是 80 引脚 LQFP 封装的 MKL25Z128VLK4 芯片,如图 2.1 所示。

从需求与供给的角度把 MCU 的引脚分为“硬件最小系统引脚”与“I/O 端

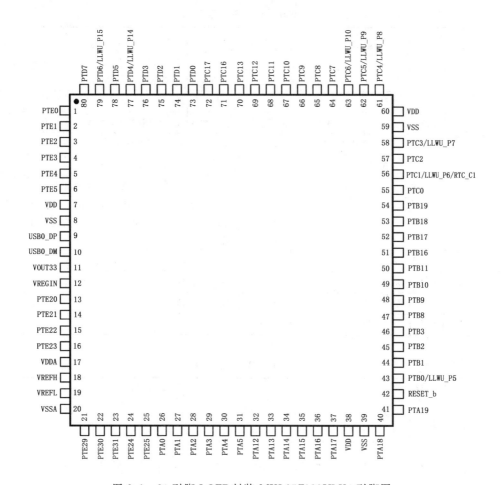

图 2.1　80 引脚 LQFP 封装 MKL25Z128VLK4 引脚图

口资源类引脚"两大类。

① 硬件最小系统引脚

KL25 硬件最小系统引脚包括电源类引脚、复位引脚、晶振引脚等,如表 2.2 所示。

② I/O 端口资源类引脚

除去需要服务的引脚外,其他引脚可以为实际系统提供 I/O 服务。芯片提供服务的引脚也可称为 I/O 端口资源类引脚,KL25(80 引脚 LQFP 封装)具有 61 个 I/O 引脚,如表 2.3 所示。

表 2.2   **KL25 硬件最小系统引脚表**

分类		引脚名	引脚号 LQFP	典型值	功能描述
电源	电源输入	VDD	7、38、60	3.3 V	电源
		VSS	8、39、59	0 V	地
		VDDA、VSSA	17、20	3.3 V、0 V	A/D 模块的输入电源
		VREFH、VREFL	18、19	3.3 V、0 V	A/D 模块的参考电压
		VREGIN	12	5 V	USB 模块的参考电压
	电源输出	VOUT33	11	3.3 V	USB 模块电源稳压器输出的电压
复位	RESET		42		复位引脚(双向引脚),作为输入引脚,拉低可使芯片复位;作为输出引脚,上电复位期间有低脉冲输出
晶振	EXTAL、XTAL		40、41		分别为无源晶振输入、输出引脚
SWD 接口	SWD_CLK		26		SWD 时钟信号线
	SWD_DIO		29		SWD 数据信号线
引脚个数统计			LQFP 封装 17 个		

表 2.3   **KL25 I/O 端口资源类引脚表**

端口名	引脚数	引脚名	功能描述
A	10	PTA[1～2、4～5]、PTA[12～17]	SWD/TPM/UART/TSI/I2C/USB/SPI/EXTAL/XTAL/RESET/LPTMR/GPIO
B	12	PTB[0～3]、PTB[8～11]、PTB[16～19]	UART/EXTRG/LLWU/ADC/SPI/TSI/TPM/I2C/GPIO
C	16	PTC[0～13]、PTC[16～17]	LPTMR/SPI/CLK_OUT/UART/RTC/LLWU/TPM/EXTRG/ADC/I2C/TSI/CMP/GPIO
D	8	PTD[0～7]	LLWU/ADC/UART/TPM/SPI/GPIO
E	15	PTE[0～5]、PTE[20～25]、PTE[29～31]	DAC/CMP/RTC/ADC/TPM/UART/SPI/I2C/GPIO
其他	2	USB0_DM、USB0_DP	USB 模块的 D—和 D+信号线
引脚个数统计及说明			LQFP 封装 63 个。这里统计 I/O 引脚不包括已被最小系统使用的引脚。I/O 端口引脚最大输入电压为 0.7 VDD;最大输出电压 VDD,最大输出总电流 100 mA。具体技术指标参见《KL25 数据手册》

（8）FRDM—KL25 评估板原理图

FRDM—KL25 是一款超低成本开发平台，如图 2.2 所示，面向基于 ARM®
Cortex™—M0＋处理器的 Kinetis L 系列 KL1x（KL14/15）和 KL2x（KL24/
25）MCU。该硬件的特性包括可轻松访问 MCU I/O，配备电池，低功率运行，
采用可搭配扩展板的标准规格以及用于闪存编程和运行控制的内置调试接口。

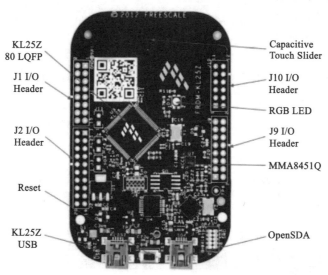

图 2.2　主控板

（9）主控板构成

① 电源及其滤波电路

电路中需要大量的电源类引脚用来提供足够的电流容量，同时保持芯
片电流平衡，所有的电源引脚必须外接适当的滤波电容抑制高频噪音。去
耦是指对电源采取进一步的滤波措施，去除两级间信号通过电源互相干扰
的影响。

② 复位电路及复位功能

复位，意味着 MCU 一切重新开始。复位引脚为 T_RST，若 T_RST 信号
有效（低电平）则会引起 MCU 复位。

③ 晶振电路

晶振电路为芯片提供准确的工作时钟。作为振荡源的晶体振荡器分为无
源晶振（Crystal）和有源晶振（Oscillator）两种类型。

④ OPENSDA 接口电路

PK20DX128VFM5 芯片主要实现 OpenSDA 接口功能，通过 OPENSDA

接口可以实现程序下载和调试功能。

⑤ KL25Z128VLK4 芯片 ARM® Cortex® － M0＋内核, 频率 8 MHz, 128 KB 闪存, 16 KB SRAM, 80LQFP 封装, 多种通信接口。

⑥ 74LVC125AD NXP 公司 4 路 3 态缓冲器。

⑦ MMA8451Q 是 freescale 的 3 相数字加速度传感器。

⑧ RGB LED 接口。

⑨ 电容触摸接口。

(10) 主控板底板

主控板底板为辅助主控板进行电气系统控制, 我们设计了主控板底板, 如图 2.3 所示。

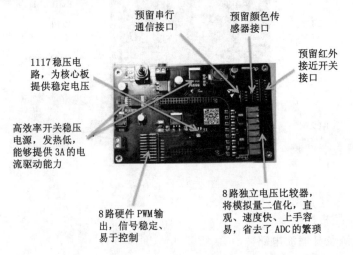

图 2.3　主控板底板

(11) 颜色传感器模块 TCS3200

TCS3200 颜色传感器(见图 2.4)是一款全彩的颜色检测器, 包括了 1 块 TAOS TCS3200RGB 感应芯片和 4 个白光 LED 灯。TCS3200 能在一定的范围内检测和测量几乎所有的可见光。它适合于色度计测量应用领域, 比如彩色打印、医疗诊断、计算机彩色监视器校准以及油漆、纺织品、化妆品和印刷材料的过程控制。

(12) 灰度传感器模块(见图 2.5)

(13) 灰度传感器转接板(见图 2.6)

(14) 电源模块

搬运机器人采用电源为 7.4 V 锂电池, 如图 2.7 所示。

图 2.4　颜色传感器　　　　　　　　　　图 2.5　灰度传感器

图 2.6　灰度传感器转接板

3.2　搬运机器人电气系统的安装步骤

第 1 步　将灰度传感器、颜色传感器安装到相应位置(机械安装部分已安装);

第 2 步　将电池固定在车架上;

第 3 步　将主控制板用烙铁焊上引脚并安装到主控板底板相应位置,并将底板安装在车架上;

第 4 步　将灰度传感器、颜色传感器、舵机等用杜邦线连接到相应的位

图 2.7　电源模块

置,连接顺序如表2.4所示。

表 2.4

部件名称	目标位置	顺序	备注
左爪灰度传感器	左侧转接板 S1	白蓝黑红	从标号侧
右爪灰度传感器	左侧转接板 S2	白蓝黑红	从标号侧
中部灰度传感器(左1)	右侧转接板 S4	白蓝黑红	从标号侧
中部灰度传感器(左2)	左侧转接板 S3	白蓝黑红	从标号侧
中部灰度传感器(左3)	左侧转接板 S4	白蓝黑红	从标号侧
中部灰度传感器(左4)	右侧转接板 S1	白蓝黑红	从标号侧
左轮处灰度传感器	右侧转接板 S2	白蓝黑红	从标号侧
右轮处灰度传感器	右侧转接板 S3	白蓝黑红	从标号侧
左爪舵机	扩展板 PWM 输出端 PD2	白红黑	从上到下
右爪舵机	扩展板 PWM 输出端 PD3	白红黑	从上到下
钩子方向舵机	扩展板 PWM 输出端 PB2	白红黑	从上到下
钩子抓物体舵机	扩展板 PWM 输出端 PB3	白红黑	从上到下
左轮舵机	扩展板 PWM 输出端 PD0	白红黑	从上到下

部件名称	目标位置	顺序	备注
右轮舵机	扩展板 PWM 输出端 PD1	白红黑	从上到下
颜色传感器	3.3V－GND－3.3V－3.3V－PTC6－PTC7－GND－PTC5	VCC－GND－S0－S1－S2－S3－E0－OUT	按照顺序依次从扩展板传感器接口连到颜色传感器引脚端
左侧比较器	VCC－GND－S1－S2－S4－S5	VCC－GND－S1－S2－S3－S4	按照顺序依次从扩展板 8 路比较器接口连到 4 路比较器接口
右侧比较器	VCC－GND－S6－S7－S8－S3	VCC－GND－S1－S2－S3－S4	按照顺序依次从扩展板 8 路比较器接口连到 4 路比较器接口

4 思考题

4.1 为什么要用三排灰度传感器？有什么作用？

4.2　灰度传感器四根线各是什么线？

4.3　灰度传感器的调整用的是什么部件？

4.4　不同的光线对传感器的检测结果有无影响？

4.5　舵机的三根线各是什么线？

4.6 传感器、舵机等部件与主控板接口能否调整？为什么？

5　实验要求

5.1　能独立进行搬运机器人电气系统的安装；

5.2　能对搬运机器人电气系统的各个参数进行调整。

6　实验步骤

7 自我思考与自我提问

实验 3　开发环境搭建

1　实验目的

1.1　掌握 IAR 开发环境的安装与配置；

1.2　掌握驱动安装与固件升级方法。

2　实验器材

2.1　KL25 试验板 1 块；

2.2　下载线 1 根；

2.3　PC 机 1 台（windows 7 及以上系统）；

2.4　相关软件。

3　预习内容

3.1　IAR 安装

Embedded Workbench for ARM 是 IARSystems 公司为 ARM 微处理器开发的一个集成开发环境。比较其他的 ARM 开发环境，IAR EWARM 具有入门容易、使用方便和代码紧凑等特点。

第 1 步　解压软件包，得到安装文件，如图 3.1 所示。

图 3.1　IAR 软件安装包

第 2 步　双击安装文件，点击 install IAR Embedded Workbench，并按照图

示内容依次点击,如图 3.2 所示。

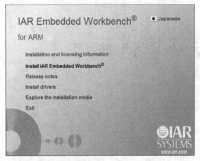
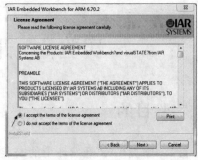

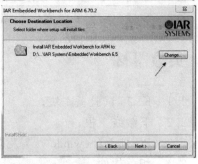

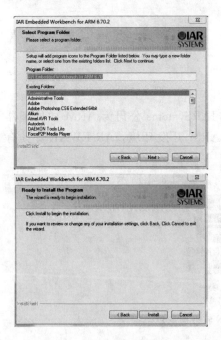
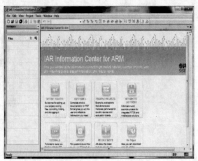

图 3.2　软件安装图

3.2　驱动安装

在软件起始界面点击 install drivers，依次点击安装驱动，如图 3.3 所示。

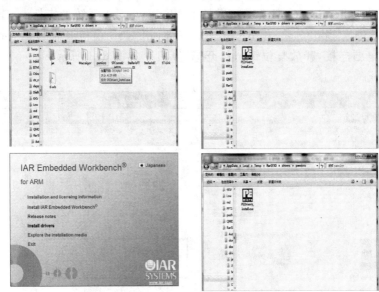

图 3.3　驱动安装图

3.3 固件升级

将 MSD、DEBUG、CDC 虚拟串口合为一体(以后使用 MSD 或 DEBUG 不再需要进入 Bootloader 切换了),增加了 Windows 8.1 系统的支持。

(1)进入 Bootloader 模式(按住复位键,用 USB 线将开发板的 OpenSDA 接口与电脑连接,释放复位键),打开"计算机",如图 3.4 所示;

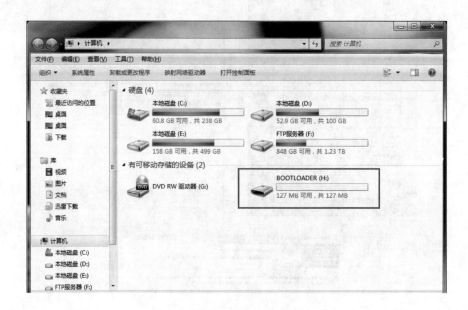

图 3.4　固件更新(a)

(2)将 BOOTUPDATEAPP. SDA 放进 Bootloader 盘(该文件在 OpenSDA _Bootloader_Update_App_v111_2013_12_11 压缩包内),如图 3.5 所示;

(3)拔掉再插上 OpenSDA 以启动 Bootloader 升级,该升级过程最长 15 s,一般 3 s 内完成;

(4)一旦升级结束,OpenSDA 将自动进入 Bootloader 模式,绿色小灯将秒频率闪烁;

(5)打开"计算机"右键"管理",打开"设备管理器";

(6)找到图 3.6 中标注的设备,证明驱动安装成功,且开发板固件升级完毕。

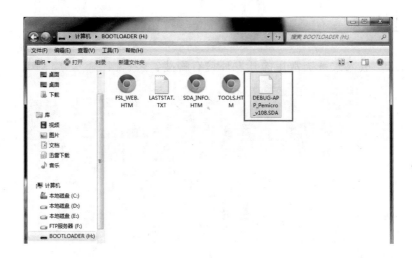

图 3.5 固件更新(b)

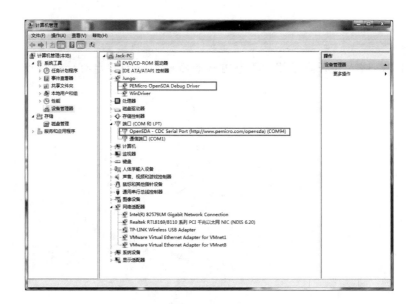

图 3.6 驱动固件更新完成

4 思考题

4.1 嵌入式系统常用的开发环境有哪些？

4.2 嵌入式开发常用的下载方式有哪些？它们各自有什么特点？

4.3　在 IAR 软件与驱动安装的过程中遇到什么问题？你是怎样解决的？

5 实验要求

5.1 能进行 IAR 安装，能安装驱动及升级固件；

5.2 能解决安装过程中出现的问题直至安装成功。

6 实验步骤

7　自我思考与自我提问

实验 4　KL25 第一个例程及工程组织
——点亮 LED

1　实验目的

1.1　回顾 C 语言相关知识；

1.2　学习并掌握在 IAR 环境下，建立工程、编译下载程序的方法；

1.3　熟悉 IAR 环境下的工程组织结构；

1.4　了解 vector. h、vector. c、isr. h、isr. c 等相关文件的作用；

1.5　能编写程序控制 KL25 主板上的三色 LED 交替闪烁。

2　实验器材

2.1　KL25 主板；

2.2　PC 电脑（windows 7 及以上）；

2.3　相关调试软件。

3　预习内容

3.1　GPIO 基本概念及连接方法

（1）I/O 接口的概念

I/O 接口，即输入输出接口，是微控制器同外界进行交互的重要通道，实现 MCU 与外部设备的数据交换。

在嵌入式系统中，接口种类繁多，有显而易见的人机交互接口，如操纵杆、键盘、显示器；也有无人介入的接口，如网络接口、机器设备接口等。

（2）通用 I/O(GPIO)

所谓通用 I/O，也记为 GPIO(General Purpose I/O)，即基本的输入/输出，有时也称并行 I/O，或普通 I/O，它是 I/O 的最基本形式。MCU 内部程序可以对通用 I/O 的端口寄存器进行读写来实现开关量的输入输出操作，且大多数通用 I/O 引脚可以通过编程来设定其工作方式为输入或输出,称之为双向通用 I/O。

（3）上拉下拉电阻与输入引脚的基本接法

输入引脚有三种不同的连接方式:带上拉电阻的连接、带下拉电阻的连接和"悬空"连接(见图 4.1)。

若 MCU 的某个引脚通过一个电阻接到电源(Vcc)上,这个电阻被称为"上拉电阻"。与之相对应,若 MCU 的某个引脚通过一个电阻接到地(GND)上,则相应的电阻被称为"下拉电阻"。悬空的芯片引脚被上拉电阻或下拉电阻初始化为高电平或低电平。

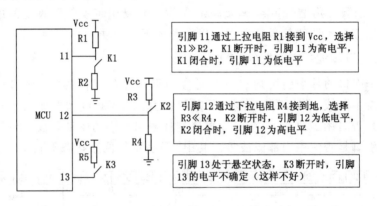

图 4.1　通用 I/O 引脚输入电路接法举例

（4）输出引脚的基本接法

作为通用输出引脚,MCU 内部程序向该引脚输出高电平或低电平来驱动器件工作,即开关量输出,如图 4.2 所示。其中 O1 引脚是发光二极管 LED 的驱动引脚,当 O1 引脚输出高电平时,LED 不亮;当 O1 引脚输出低电平时,LED 点亮;O2 引脚接蜂鸣器驱动电路,当 O2 引脚输出高电平时,蜂鸣器响;当 O2 引脚输出低电平时,蜂鸣器不响。

3.2　相关名词解释

（1）模拟引脚(Analog pin)是指不能够配置成 GPIO 的引脚,如 RESET、EXTAL 及 XTAL 等引脚。

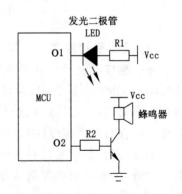

图 4.2　通用 I/O 引脚输出电路

（2）数字引脚（Digital pin）是指能够被配置成 GPIO 的引脚。

（3）无源滤波器（Passive filter）是由电容器、电抗器和电阻器适当组合而成，并兼有无功补偿和调压功能的滤波器。

（4）引脚驱动能力（Drive Strength）是指引脚放出或吸入电流的承受能力，一般用毫安单位度量。

（5）转换速率（Slew rate）是指电压在高低电平间转换的时间间隔，一般用纳秒单位度量。

（6）数字输入/输出（Digital input/output）是指芯片引脚只能输入/输出高电平（逻辑 1）和低电平（逻辑 0）两个电压值。

（7）引脚复用槽（Pin muxing slot）是指信号复用装置与引脚之间的接口，引脚通过连接不同的信号复用槽可以配置成不同的功能。

3.3 引脚控制寄存器（PORTx_PCRn）

每个端口的每个引脚均有一个对应的引脚控制寄存器（见图 4.3），可以配置引脚中断或 DMA 传输请求，可以配置引脚为 GPIO 功能或其他功能，可以配置是否启用上拉或下拉，可以配置选择输出引脚的驱动强度，可以配置选择输入引脚是否使用内部滤波等。其中"X"表示复位后状态不确定。

数据位	D31	D30	D29	D28	D27	D26	D25	D24	D23	D22	D21	D20	D19	D18	D17	D16
读				0				ISF			0			IRQC		
写				—				w1c			—					
复位	0	0	0	0	0	0	0	0	0	0	0	0	0	0	0	0

数据位	D15	D14	D13	D12	D11	D10	D9	D8	D7	D6	D5	D4	D3	D2	D1	D0
读			0				MUX		0	DSE	0	PFE	0	SRE	PE	PS
写			—						—		—		—			
复位	0	0	0	0	X	X	X	X	0	X	0	X	0	X	X	X

图 4.3 引脚控制寄存器

（1）全局引脚控制寄存器

每个端口的全局引脚控制寄存器（见图 4.4）有两个，分别为 PORTx_GPCLR、PORTx_GPCHR，为只写寄存器，读出总为 0。每个寄存器的高 16 位被称为全局引脚写使能字段（Global Pin Write Enable，GPWE），低 16 位被称为全局引脚写数据字段（Global Pin Write Data，GPWD）。

KL25 芯片每个端口有 32 个引脚控制寄存器，分为两组：低引脚控制寄存器组（15～0）和高引脚控制寄存器组（31～16），全局引脚控制寄存器 PORTx_GPCLR 配置低引脚控制寄存器组（15～0），而全局引脚控制寄存器 PORTx_GPCHR 配置高引脚控制寄存器组（31～16）。这样可以实现一次配置 16 个

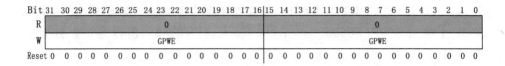

图 4.4　全局引脚控制寄存器

功能相同的引脚,提高了编程效率。

　　全局引脚控制寄存器不能配置引脚控制寄存器的高 16 位,因此,不能使用该功能配置引脚中断。

　　(2)中断状态标志寄存器(PORTx_ISFR)

　　数字引脚模式下,每个引脚的中断模式可以独立配置,在引脚控制寄存器 IRQC 字段可配置选择:中断禁止(复位后默认);高电平、低电平、上升沿、下降沿、沿跳变触发中断;上升沿、下降沿、沿跳变触发 DMA 请求。支持低功耗模式下唤醒。

　　每个端口的中断状态标志寄存器(PORTx_ISFR)对应 32 个引脚,相应位为 1,表明配置的中断已经被检测到,反之没有。各位具有写 1 清 0 特性(见图 4.5)。

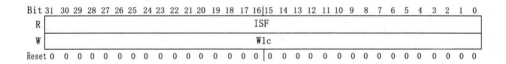

图 4.5　中断状态标志寄存器

3.4　KL25 的 GPIO 引脚

　　80 引脚封装的 KL25 芯片的 GPIO 引脚分别记为 PORTA、PORTB、PORTC、PORTD、PORTE 共 5 个端口,共含 61 个引脚。端口作为 GPIO 引脚时,逻辑 1 对应高电平,逻辑 0 对应低电平。

　　(1)PORTA 口有 10 个引脚,分别为 PTA1～2、PTA4～5、PTA12～17;

　　(2)PORTB 口有 12 个引脚,分别为 PTB0～3、PTB8～11、PTB16～19;

　　(3)PORTC 口有 16 个引脚,分别为 PTC0～13、PTC16～17;

　　(4)PORTD 口有 8 个引脚,分别为 PTD0～7;

　　(5)PORTE 口有 15 个引脚,分别为 PTE0～5、PTE20～25、PTE29～31。

每个GPIO口均有6个寄存器,5个GPIO口共有30个寄存器。PORTA、PORTB、PORTC、PORTD、PORTE各口寄存器的基地址分别为400F_F000h、400F_F040h、400F_F0080h、400F_F0C0h、400F_F100h,所以各口基地址相差40h。

各GPIO口的6个寄存器分别是数据输出寄存器、输出置1寄存器、输出清0寄存器、输出反转寄存器、数据输入寄存器、数据方向寄存器以GPIOA为例(见表4.1)。其中输出寄存器的地址就是口的基地址,其他寄存器的地址依次加4。所有寄存器均为32位宽度,复位时均为0000_0000h。

表 4.1   GPIOA 各寄存器

基地址	地址偏移		绝对地址	寄存器名	访问	功能描述
	字	字节				
400F F000h	0	0h	400F_F000h	数据输出寄存器 (GPIOA PDOR)	R/W	当引脚被配置为输出时,若某一位为0,则对应引脚输出低电平;为1,则对应引脚输出高电平
	1	4h	400F_F004h	输出置1寄存器 (GPIOA PSOR)	W	写0不改变输出寄存器相应位,写1将输出寄存器相应位置1
	2	8h	400F_F008h	输出清0寄存器 (GPIOA PIOR)	W	写0不改变输出寄存器相应位,写1将输出寄存器相应位清0
	3	Ch	400F_F00Ch	输出取反寄存器 (GPIOA PTOR)	W	写0不改变输出寄存器相应位,写1将输出寄存器的相应位取反(即1变0,0变1)
	4	10h	400F_F010h	数据输入寄存器 (GPIOA PDIR)	R	若读出为0,表明相应引脚上为低电平;若读出为1,表明相应引脚上为高电平
	5	14h	400F_F014h	数据方向寄存器 (GPIOA PDDR)	R/W	各位值决定了相对应的引脚为输入还是输出。若其某位设定为0,则相对应的引脚为输入;为1,则相对应的引脚为输出

其他各口功能与编程方式完全一致,只是相应寄存器名与寄存器地址不同,其中寄存器名只要把其中的 PORTA 口"A"字母分别改为 B、C、D、E 即可获得,地址按上述给出的规律计算。

3.5　GPIO 基本编程步骤与举例

(1) GPIO 基本编程步骤

要使芯片某一引脚为 GPIO 功能,并定义为输入/输出,随后进行应用,基本编程步骤如下:

① 通过端口控制模块(PORT)的引脚控制寄存器 PORTx_PCRn 的引脚复用控制字段(MUX)设定其为 GPIO 功能(即令 MUX=0b001)。

② 通过 GPIO 模块相应口的"数据方向寄存器"来指定相应引脚为输入或输出功能。若指定位为 0,则为对应引脚输入;若指定位为 1,则为对应引脚输出。

③ 若是输出引脚,则通过设置"数据输出寄存器"来指定相应引脚输出低电平或高电平,对应值为 0 或 1。亦可通过"输出置位寄存器""输出清位寄存器""输出取反寄存器"改变引脚状态。

④ 若是输入引脚,则通过"数据输入寄存器"获得引脚的状态。若指定位为 0,表示当前该引脚上为低电平;若为 1,则为高电平。

(2) 第一个工程:控制小灯闪烁

本书利用 KL25 控制发光二极管指示灯的例子开始程序之旅,程序中使用了 GPIO 驱动构件来编写指示灯程序。当指示灯两端引脚上有足够高的正向压降时,它就会发光。灯的正端引脚接 KL25 的 GPIO 口,负端引脚通过电阻接地。如图 4.6 所示,当在 I/O 引脚上输出高或低电平时,指示灯就会亮或暗。FRDM—KL25 硬件板上有个三色灯,PORTD1=蓝灯、PORTB18=红灯、PORTB19= 绿灯。

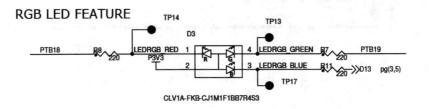

图 4.6　三色 LED 电路连接图

3.6 C语言

C语言与汇编语言:汇编语言是低级语言,在编写程序的时候会把根据不同的情况指定使用不同的寻址方式,能够对内存和CPU里的通用寄存器直接操纵。不同的计算机系列会有不同的汇编语言,编写起来麻烦、程序阅读麻烦,其优点在于能够对硬件资源进行准确操作,能充分运用硬件资源。而C语言属于高级语言,具有可移植性,能够结构化编程,编写程序结构清晰、移植性好、容易维护和修改。

C语言基础知识回顾:数据、语句、操作符和表达式、函数、数组、指针、字符与字符串等。

3.7 建立工程

(1) 打开工程文件夹,找到图中所标记的相对路径,双击图中所标记的软件,如图4.7所示。

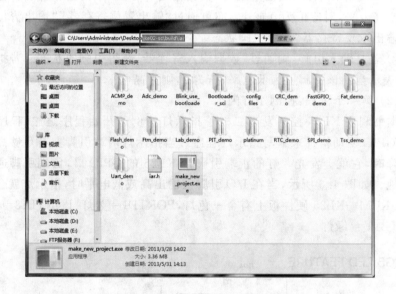

图 4.7　新建工程(a)

(2) 输入要建立的工程名称,如图4.8所示。

(3) 工程建立结束后,按下"回车键"结束软件,如图4.9所示。

(4) 新工程建立成功之后,当前文件夹下将出现相同命名的工程文件夹,如图4.10所示。

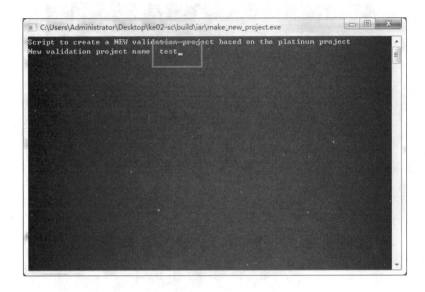

图 4.8　新建工程(b)

图 4.9　新建工程(c)

　　(5) 进入新建的工程文件夹,双击"*.eww"文件,如图 4.11 所示。

　　(6) 打开后,系统提示该工程包含未知工具,点击"确定",不用理会该提示,如图 4.12 所示。

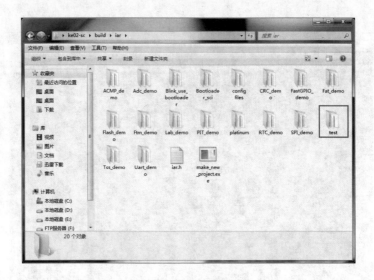

图 4.10 新建工程(d)

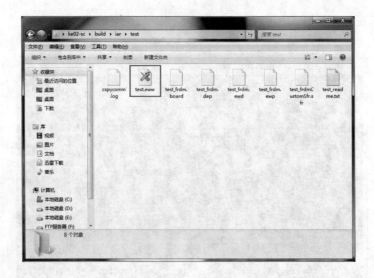

图 4.11 新建工程(e)

(7) 在 IAR 软件中打开该工程,如图 4.13 所示。

(8) 在"project"目录下找到与工程名对应的 *.c 文件,如图 4.14 所示。

(9) 双击打开 *.c 文件,如图 4.15 所示。

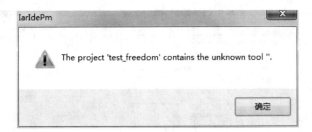

图 4.12　打开工程

图 4.13　工程(a)

图 4.14　工程(b)

图 4.15　工程(c)

3.8　配置工程

(1) 在工程根目录右键打开"option"选项,如图 4.16 所示。

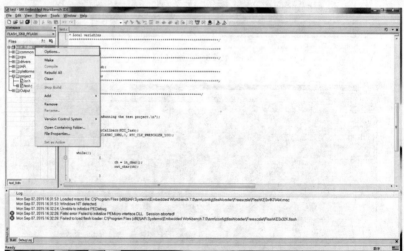

图 4.16　配置工程(a)

(2) 找到如图 4.17 所示选项进行修改。

(3) 修改后结果,如图 4.18 所示。

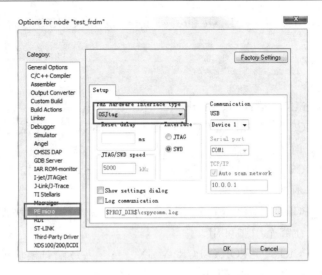

图 4.17　配置工程(b)

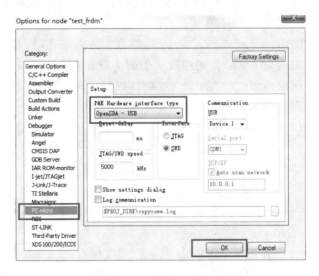

图 4.18　配置工程(c)

3.9　输入例程

找到"project"文件夹下的 text.c 文件,并在里面输入如下内容:

```
int main (void)
{
char ch;
```

```
# ifdef CMSIS    // If we are conforming to CMSIS, we need to call
start here
    start();
# endif
    //printf("\n\rRunning the text project.\n\r");
    SIM_SCGC5 |= SIM_SCGC5_PORTB_MASK;      //控制 B 端口,0 禁
用时钟,1 打开时钟
    SIM_SCGC5 |= SIM_SCGC5_PORTD_MASK;       //控制 D 端口,0 禁
用时钟,1 打开时钟
    PORTB_PCR19 = PORT_PCR_MUX(1);     //端口模块控制器负责选
择 ALT 功能、在哪个引脚可用
    PORTB_PCR18 = PORT_PCR_MUX(1);      //端口模块控制器负责选
择 ALT 功能、在哪个引脚可用
    PORTD_PCR1 = PORT_PCR_MUX(1);       //端口模块控制器负责选
择 ALT 功能、在哪个引脚可用
    GPIOB_PDDR|=1<<19;     //端口数据方向寄存器,若其某位设定为
0,则相对应引脚为输入,为 1,则相对应引脚为输出
    GPIOB_PDDR|=1<<18;      //端口数据方向寄存器,若其某位设定为
0,则相对应引脚为输入,为 1,则相对应引脚为输出
    GPIOD_PDDR|=1<<1;       //端口数据方向寄存器,若其某位设定为
0,则相对应引脚为输入,为 1,则相对应引脚为输出
    while(1)
    {
//ch = in_char();
//out_char(ch);
            GPIOB_PDOR &=~(1<<18);
            GPIOB_PDOR |=(1<<19);
            GPIOD_PDOR |=(1<<1);
            for(uint32 i=0;i<0X4fffff;i++);
            GPIOB_PDOR |=(1<<18);
            GPIOB_PDOR &=~(1<<19);
            GPIOD_PDOR |=(1<<1);
            for(uint32 i=0;i<0X4fffff;i++);
            GPIOB_PDOR |=(1<<18);
```

$$GPIOB\_PDOR \mid = (1 << 19);$$
$$GPIOD\_PDOR \& = \sim (1 << 1);$$
$$for(uint32\ i = 0; i < 0X4fffff; i++);$$

}

}

3.10　单击图 4.19 中标注的下载程序按键,进行程序下载

图 4.19　程序下载

3.11　观察实验结果三色 LED 灯依次闪烁,如图 4.20 所示

图 4.20　三色 LED 下载成功示意图

4 思考题

4.1 C语言与汇编语言在嵌入式开发过程中各自的优缺点是什么？

4.2 什么是函数？如何调用函数？

4.3　KL25 主板上与三色 LED 相连的引脚分别是哪几个?

4.4　能否改写程序,让三色 LED 进行不同形式闪烁,怎样改写?

5　实验要求

5.1　完成基本的实验目的；

5.2　对相关程序进行解读；

5.3　能根据不同要求对主板上的 LED 进行灵活控制。

6　实验步骤

7　自我思考与自我提问

实验 5   180°舵机控制实验

1   实验目的

1.1   回顾 C 语言相关知识,学习并掌握在 IAR 环境下,建立工程,编译下载程序的方法;

1.2   了解 IAR 环境下,工程组织结构的含义;

1.3   理解并掌握搬运机器人夹持装置运动控制方法。

2   实验器材

2.1   搬运机器人开发套件 1 套;

2.2   PC 电脑 1 台(windows 7 及以上);

2.3   相关调试软件 1 套;

2.4   搬运物料 1 套。

3   预习内容

3.1   伺服电机(舵机)基础知识

(1)舵机的结构和原理

遥控舵机(或简称舵机)是个糅合了多项技术的科技结晶体,它由直流电机、减速齿轮组、传感器和控制电路组成,是一套自动控制装置。什么叫自动控制呢? 所谓自动控制就是用一个闭环反馈控制回路不断校正输出的偏差,使系统的输出保持恒定。我们在生活中常见的恒温加热系统就是自动控制装置的一个范例,其利用温度传感器检测温度,将温度作为反馈量,当温度低于设定值时,加热器启动,温度达到设定值时,加热器关闭,这样就能使温度始终保持恒定。

对于舵机而言,位置检测器是它的输入传感器,舵机转动的位置一变,位置检测器的电阻值就会跟着变。通过控制电路读取该电阻值的大小,就能根据阻值适当调整电机的速度和方向,使电机向指定角度旋转。图 5.1 显示的是一个标准舵机的部件分解图。图 5.2 显示的是舵机闭环反馈控制的工作过程。

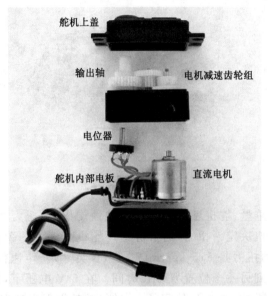

图 5.1 标准舵机图解

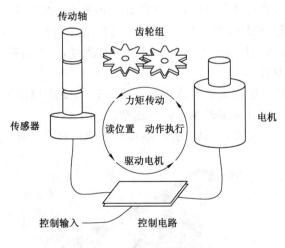

图 5.2 闭环反馈控制

(2) 选择舵机

舵机的形状和大小多到让人眼花缭乱,但大致可以按图 5.3 所示进行分类。最右边体积适中的是常见的标准舵机,中间两个小不点是体积最小的微型舵机,左边魁梧的那个是体积最大的大扭力舵机。它们都是三线控制,因此可以根据需求更换不同大小的舵机类型。

图 5.3　大扭力/微型/标准舵机

除了大小和重量,舵机还有两个主要的性能指标:扭力和转速,这两个指标由齿轮组和电机决定。扭力,通俗讲就是舵机有多大的劲儿。在 5 V 的电压下,标准舵机的扭力是 5.5 kg/cm(75 盎司/英寸)。转速很容易理解,就是指从一个位置转到另一个位置要多长时间。在 5 V 电压下,舵机标准转速是 0.2 s 移动 60°。总之,舵机的体积越大,转得就越慢但也越有劲儿。

(3)舵机的支架和连接装置

舵机的使用满足两个条件:一是需要一个能把舵机固定到基座上的支架,二是需要一个能将驱动轴和物体连在一起的连接装置。支架一般舵机上就有,而且带有拧螺丝用的安装孔。如果仅仅是测试,用热熔胶或者双面泡沫胶带就能固定住舵机。

通过舵盘连接驱动轴可以将舵机的旋转运动变成物体的直线运动,选用不同的舵盘或固定孔就能产生不同的运动。

图 5.4 所示的是几种不同的舵盘:前面 4 个白色的是舵机附带的舵盘,右

图 5.4　多种舵盘

边 4 个是用激光切割机切割塑料得到的 DIY 舵盘。最右边的 2 个是舵盘和支架的组合,如果想实现两个舵机的组合运动,把这个舵盘的支架固定到另一个舵机的支架上就可以了。

　　制作普通舵盘是比较容易的,先用矢量作图软件画一个多边形,这个多边形的半径和顶点数都要和舵机驱动轴匹配,只有这样才能连接到驱动轴上,其他种类的舵盘也是这样画出来的(见图 5.5、图 5.6)。

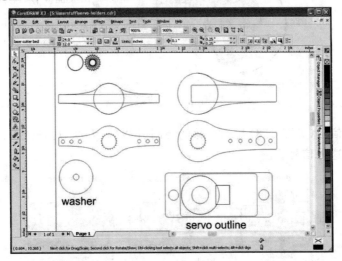

图 5.5　普通舵盘设计

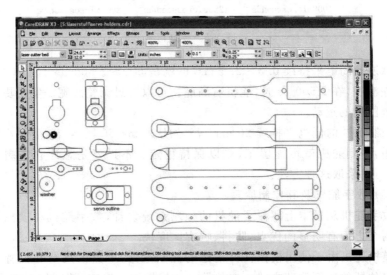

图 5.6　其他舵盘

（4）模拟舵机控制

如图 5.7 所示,舵机有一个三线的接口,一根是接地线(一般用黑色或棕色线),一根是 +5 V 电压线(一般用红色线),一根是控制信号线(一般用白线或橙线)。

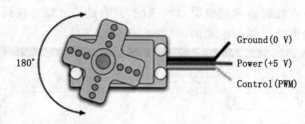

图 5.7　3 线接口

控制信号(见图 5.8)是一种脉宽调制(PWM)信号,凡是微控制器都能轻松地产生这种信号。

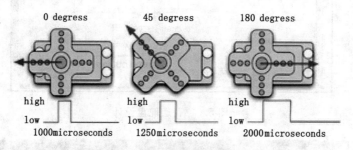

图 5.8　控制信号

脉冲的高电平持续 0.5～2.5 ms,也就是 500～2 500 μs。在 500 μs 时,舵机左满舵,在 2 500 μs 时,舵机右满舵。可以通过调整脉宽来实现更大或者更小范围内的运动。

控制脉冲的低电平持续 20 ms。每经过 20 ms(50 次/s),就要再次跳变为高电平,否则舵机就可能罢工,难以保持稳定。不过要是想让它一瘸一拐跳舞,倒可以采取这种方法。

（5）数字舵机及其控制原理

数字舵机从根本上颠覆了舵机的控制系统设计,数字舵机和模拟舵机相比在两个方面有明显的优点:防抖、响应速度快。

模拟舵机由于使用模拟器件搭建的控制电路,电路的反馈和位置伺服是基于电位器的比例调节方式。电位器由于线性度的影响、精度的影响、个体差异性的问题,会导致控制匹配不了比例电压,比如期望得到 2.5 V 的电压位置,但第一次得到的是 2.3 V,经过 1 个调节周期后,电位器转过的位置已经是 2.6 V 了,这样控制电路就会给电机一个方向脉冲调节,电机往回转,又转过头,然后又向前调节,以至于出现不停的震荡,这就是我们所看到的抖舵现象。购买一批舵机会发现有的很好用,有的在空载时会抖动,有的在加一定的负载后就开始抖动,抖动的舵机对于机器人的性能有非常大的影响。

模拟舵机的调节周期是 20 ms(看看模块卡的舵机程序),也就是它的反应时间是 20 ms。根据舵机的不同,假设我们估计舵机的速度是 0.2 s/60°,那么 20 ms 舵机最快的时候转过 0.6°才会进行调节,这就导致关节在突然出现大负载的情况下,会被扭矩摆动 0.6°,然后才纠正回来。

数字舵机可以以很高的频率进行调节,这个周期和角度会变得非常小,并且可以使用 PID 方式调节合适的 PID 参数,能够让舵机有很高的响应速度,不会出现超调。

（6）舵机应用

云台网络摄像头（见图 5.9）。

图 5.9　舵机控制的云台网络摄像头

（7）舵机规格

舵机的规格主要有几个方面:转速、扭矩、电压、尺寸、重量、材质等。在进行舵机选型时要对以上几个方面进行综合考虑。

转速由舵机无负载的情况下转过 60°角所需时间来衡量,常见舵机的转速一般在 0.11~0.21 s/60°之间（见图 5.10）。

舵机扭矩的单位是 kg·cm。可以理解为在舵盘上距舵机轴中心水平距离 1 cm 处,舵机能够带动的物体重量（见图 5.11）。

厂商提供的转速、扭矩数据和测试电压有关,在 4.8 V 和 6 V 两种测试电压下这两个参数有比较大的差别。如 Futaba S－9001 在 4.8 V 时扭矩为 3.9 kg·cm、速度为 0.22 s/60°,在 6.0 V 时扭力为 5.2 kg·cm、速度为 0.18 s/60°。若无特别注明,JR 的舵机都是以 4.8 V 为测试电压,Futaba 则是以 6.0 V 作为测试电压。

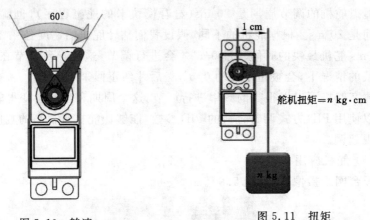

图 5.10　转速　　　　　　　　图 5.11　扭矩

舵机的工作电压对性能有重大的影响,舵机推荐的电压一般都是 4.8 V 或 6 V。有的舵机可以在 7 V 以上工作,另外 12 V 的舵机也不少。较高的电压可以提高电机的转速和扭矩。选择舵机还需要看控制板所能提供的电压。

综上所述,选择舵机需要在计算所需扭矩和转速并确定使用电压的条件下,选择有 150% 左右甚至更大扭矩富余的舵机。

3.2　180°舵机角度控制函数

函数:void pwm_Init(uint16 period, uint16 duty);

功能:初始化系统,让系统产生指定周期和占空比的方波;

参数:period 设置 PWM 方波的周期,当 period＝3 750 时,PWM 周期为 50 Hz;

duty 设置 PWM 方波的占空比,当 duty＝281 时,PWM 高电平持续 1.5 ms,当 duty＝94 时,PWM 高电平持续 0.5 ms,当 duty＝469 时,PWM 高电平持续 2.5 ms。

函数:void pwm_Set(uint8 ch, uint16 duty);

功能:设置 PWM 每路通道占空比;

参数:ch 选择需要更改占空比的 PWM 通道,ch 取值范围 1～10;

duty 希望更改的占空比值,duty 取值范围 94~469。

注意:duty 超过规定的数值范围会带来舵机的损坏!

每个舵机对应的 ch 值如下:

左侧夹子舵机 3;

右侧夹子舵机 4;

钩子左右控制舵机 9;

钩子上下控制舵机 10。

3.3　舵机运动速度控制函数

函数:void slow_move(uint8 ch, uint16 duty, uint16 t);

功能:控制每路舵机运动速度,在环节 2 钩取物料时需要慢慢钩取;

参数:ch 为选择需要更改占空比的 PWM 通道,ch 取值范围 1~10;duty 为希望更改的占空比值,duty 取值范围 94~469;t 为舵机运动快慢控制参数,值越大舵机运动越慢,取值范围 0~65 535。

4　思考题

4.1　伺服电机和普通电机有何异同?

4.2　伺服电机都有哪些应用？

4.3　为什么要控制伺服电机运动速度？

4.4　如果需要伺服电机转角 45°，对应的高电平持续时间应该是多少？

5　实验要求

5.1　理解并掌握舵机的控制原理；

5.2　自行编程,利用预习部分给出的函数,实现控制机器人爪子夹取和放置物料；

5.3　自行编程,利用预习部分给出的函数,控制钩子以缓慢速度钩取物料。

6　实验步骤

7　自我思考与提问

实验 6　360°舵机控制实验

1　实验目的

　　1.1　回顾 C 语言相关知识，学习并掌握在 IAR 环境下，建立工程，编译下载程序的方法；

　　1.2　了解 IAR 环境下，工程组织结构的含义；

　　1.3　理解并掌握搬运机器人基本运动方式。

2　实验器材

　　2.1　搬运机器人开发套件 1 套；

　　2.2　PC 电脑 1 台（windows 7 及以上）；

　　2.3　相关调试软件 1 套。

3　预习内容

3.1　DIY 连续旋转的舵机机器人

任何舵机都能变成一个双向、可调速的降速齿轮电机（见图 6.1）。通常

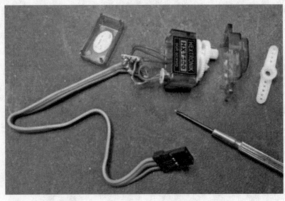

图 6.1　舵机的内部"解剖"结构

情况下,需要驱动芯片和其他一些零件才能控制电机的转速和方向,这些部件舵机中都会附带,所以要想得到一个用于机器人上的数控连续旋转舵机,最简单也最便宜的方法就是自己动手改造一个。

需要改动的是部分的电路模块和机械模块。电路模块中,要找两个阻值相同的电阻来充当电位计;机械模块中,要去掉防止电机过速的挡板。

首先,卸开舵机外壳,HTX500舵机的外壳由3个塑料部分扣在一起。可以用小一字改锥或类似的片状工具把它撬开,然后从轴上取下齿轮组(记得标记好各个小齿轮的位置),再从下面小心地取出舵机的电路板。

舵机上有两个机械制动挡板,用尖嘴钳卸下驱动轴基座上的金属挡板(见图6.2),用斜嘴钳卸下外壳顶部的塑料挡板(见图6.3)。

图6.2　拿掉金属挡板

图6.3　卸下塑料挡板

用两个阻值相加约 5 kΩ 的电阻来替代 5 kΩ 的电位计,实际制作中,选一对 2.2 kΩ 的电阻就能满足要求了。把电位计上的 3 根线焊下来,按图 6.4 所示焊到电阻上,再用绝缘胶带或是绝缘管缠好(见图 6.5),最后再和电路板一起重新塞进舵机外壳中,扣好外壳,一个改造好的舵机就呈现在我们面前了。

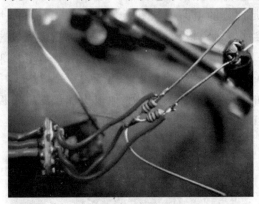

图 6.4 焊上电阻

图 6.5 缠上胶带

舵机制作好后还必须找到基准点。理想条件下,如果两个电阻完全相同,舵机就能精确地停到 90° 的位置上。但现实中舵机不可能像理想中那样精确。为了使舵机控制更精确,需要找到一个基准点,方法是把上面编的程序下载进电路中,通过实验来看舵机究竟停在哪个角度,这个角度每个舵机都不相同,所以得出结果后要记录下来。

3.2 360° 舵机控制函数机器人差动转向原理

通过前轮扭曲一个角度,可以使汽车进行转向,如图 6.6 所示。通过坦克底盘仰视图(见图 6.7)发现,坦克不存在前面的导向轮,也就不能通过让前轮扭曲一个角度进行转向。坦克转弯是通过两条履带形成速度差来完成的,当左侧的履带速度比右侧快,坦克就向右转弯,同理当右侧履带速度比左侧快,坦克就向左转弯。如果坦克左右两侧履带沿相反方向以相同速度运动,坦克就原地旋转。用舵机控制机器人转弯的原理与坦克转弯一样。

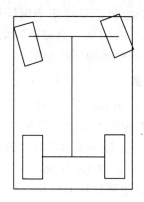

图6.6　汽车的转向是通过万向轮来完成的

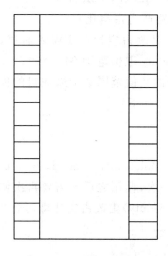

图6.7　坦克底盘仰视图

　　差动转向的优点:既可以与汽车一样转向也可以原地旋转,占用空间小,灵活。

3.3　直流减速电机

直流减速电机,即齿轮减速电机,是在普通直流电机的基础上,加上配套齿轮减速箱。齿轮减速箱的作用是提供较低的转速和较大的力矩。同时,齿轮箱不同的减速比可以提供不同的转速和力矩。这大大提高了直流电机在自动化行业中的使用率。减速电机是指减速机和电机(马达)的集成体,这种集成体通常也可称为齿轮马达或齿轮电机。通常由专业的减速机生产厂进行集成组装好后成套供货。减速电机广泛应用于钢铁行业、机械行业等。使用减速电机的优点是简化设计、节省空间。直流减速电机从结构上看没有闭环反馈,需要结合编码器才能实现精准的闭环控制。

3.4　360°舵机控制函数

函数:void pwm_Init(uint16 period, uint16 duty);

功能:初始化系统,让系统产生指定周期和占空比的方波;

参数:period 设置 PWM 方波的周期,当 period＝3750 时,PWM 周期为 50 Hz;duty 设置 PWM 方波的占空比,当 duty＝281 时,PWM 高电平持续 1.5 ms,当 duty＝94 时,PWM 高电平持续 0.5 ms,当 duty＝469 时,PWM 高电平持续 2.5 ms。

函数:void pwm_Set(uint8 ch, uint16 duty);

功能:设置 PWM 每路通道占空比;

参数:ch 为选择需要更改占空比的 PWM 通道,ch 取值范围 1～10;duty 为希望更改的占空比值,duty 取值范围 94～469。

注意:duty 超过规定的数值范围会带来舵机的损坏!

每个舵机对应的 ch 值如下:

左侧 360°舵机 1;

右侧 360°舵机 2。

注意:函数 void pwm_Init(uint16 period, uint16 duty);在整个程序中,只用在程序开始部分调用一次,调用之后不需要再次调用,只需要使用函数 void pwm_Set(uint8 ch, uint16 duty)更改占空比即可。

3.5　机器人转弯函数

函数:void Turn_Right(uint16 n);

功能:实现机器人右转一定时间;

参数:n 机器人右转的时间,通过设置不同时间让机器人转不同角度。

函数:void Turn_Left(uint16 n);

功能:实现机器人左转一定时间;

参数:n 机器人左转的时间,通过设置不同时间让机器人转不同角度。

4　思考题

4.1　为什么 360°舵机控制函数与 180°舵机控制函数相同？

4.2　改变占空比产生的实际效果是什么？

4.3　如何控制机器人转弯的角度？

4.4　除了上面介绍的转向方式,还有什么转向方式？

5 实验要求

能够编写程序控制搬运机器人完成向前直行、向后直行、左转或右转任意角度。

6 实验步骤

7 自我思考与提问

实验 7　机器人循迹实验

1　实验目的

1.1　理解灰度传感器原理；

1.2　理解并掌握机器人循迹原理。

2　实验器材

2.1　搬运机器人开发套件 1 套；

2.2　PC 电脑 1 台（windows 7 及以上）；

2.3　相关调试软件 1 套；

2.4　分拣搬运比赛图纸 1 套。

3　预习内容

3.1　灰度传感器原理

灰度传感器是模拟传感器，有一只发光二极管和一只光敏电阻，安装在同一面上。灰度传感器利用不同颜色的检测面对光的反射程度不同，从而导致光敏电阻对不同检测面返回的阻值也不同的原理进行颜色深浅检测。在有效的检测距离内，发光二极管发出白光，照射在检测面上，检测面反射部分光线，光敏电阻检测此光线的强度并将其转换为机器人可以识别的信号（见图 7.1）。

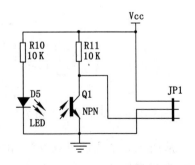

图 7.1　灰度传感器原理（1）

地面灰度检测传感器主要用于检测不同颜色的灰度值，例如在灭火比赛中判断门口白线，在足球比赛中判断机器人在场地中的位置，在各种轨迹比赛中沿黑线行走等。

3.2　灰度传感器注意事项

（1）检测面的材质不同会引起其返回值的差异。

（2）外界光线的强弱对其影响非常大，会直接影响到检测效果，在对具体项目检测时注意包装传感器，避免外界光的干扰。

（3）光敏探头是根据检测面反射回来的光线强度来确定其检测面颜色深浅的，因此测量的准确性与传感器到检测面的距离是有直接关系的。在机器人运动时机体的震荡同样会影响其测量精度。

3.3　TK—20 灰度传感器

TK—20 灰度传感器是 TK—10 的升级版，有效探测距离达 5 cm，通过调节电位器，最远可达到 10 cm（该距离下，探测黑白线的精度降低）。这款灰度传感器继承了 TK—10 的受可见光干扰小、输出信号为开关量、信号处理简单、使用方便的特点，并在此基础上增加了探测距离调节器，改进了探测距离，加强了探测精度。

传感器的工作原理是：发射管经过一个 180 kHz 频率的载波调制后发射，接收管接收反射回来的光线后，先进行放大，然后进行解调、整形，再经过比较输出开关量。这个过程可以如图 7.2 所示。

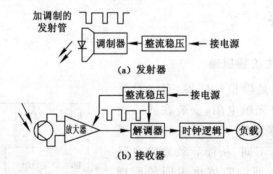

图 7.2　灰度传感器原理（2）

从图 7.2 中我们可以看到，由于传感器发射和接收增加了调制和解调，从而大大提高传感器的抗干扰能力，使得传感器不受可见光的影响，在测量黑白线的时候，检测结果更为准确。如果将发射二极管换成激光发射管，探测距离将会增加至 20 cm 甚至更远。

TK—20 有两个版本，一个是带电位器的 TK—20，一个是不带电位器的TK—20—N，如图 7.3 所示。

图 7.3 TK—20

（1）规格参数

电压：5 VDC；

电流：20 mA；

Sn：0～5 cm；

外形尺寸：L×W×H＝20 mm×9 mm×9 mm；

TK—20 引线长度：25 cm；

TK—20N 引线长度：22 cm。

（2）注意事项

① 该传感器为开关量传感器，输出为 TLL 电平，可以直接和单片机连接，但需要在输出端加上拉电阻（阻值大约 1 kΩ），使用方法如红外避障传感器；

② 不要接错线，否则会烧毁器件。

（3）应用领域

① 白底黑线或黑底白线的检测；

② 完成小车或机器人循迹功能。

3.4 机器人循迹原理

由于电机制造存在误差，电机和轮子在安装时也存在误差，这些误差都是不可避免的。因此机器人要想完成直线运动必须依靠传感器形成闭环反馈。这里我们利用光电传感器获取的信息，来判断机器人车体当前的姿态，进一步控制电机转速，使轮式搬运机器人保持直线运动。

光电传感器在机器人上的分布位置如图 7.4 所示。

场地上有黑色的引导线，轮式搬运机器人与黑色引导线的位置关系有三种，如图 7.5 中所示 1、2、3 三种状态。

最中间的两个传感器都检测到黑线，说明车体是正的（状态 3），这时车直行。若左侧的传感器检测到黑线，说明车体左侧靠前（状态 1），这时降低左侧

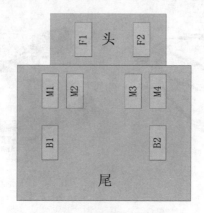

图 7.4 光电传感器分布示意图

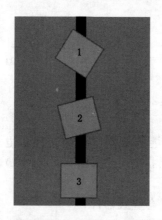

图 7.5 轮式搬运机器人与引导线位置关系

速度。若右侧的传感器检测到黑线,说明车体右侧靠前(状态 2),这时降低右侧速度。越偏左(右)的传感器检测到黑线,该侧速度降低得越多。对应的流程图如图 7.6 所示,这里若传感器检测到黑线其值为 1,反之为 0。

3.5 机器人循迹函数

函数:void For_Along_time(uint16 n);

功能:控制机器人向前循迹一段时间;

参数:n 表示机器人向前循迹的时间。

函数的具体实现方式如下:

```
# define ZL 321          //直行向前左侧舵机
# define ZR 241          //直行向前右侧舵机
# define N1 27
```

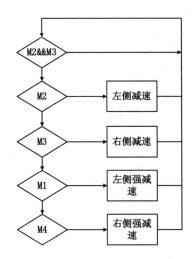

图 7.6 直线运动控制算法流程图

```
#define N2 35//45 55
#define N3 35
void For_Along_time(uint16 n)
{
  uint16 i, j;
  for(i = 0; i < n; i++)
  {
    for(j = 0; j < 5200; j++)
    {
      if(! M1 && M2 && M3 && ! M4)
      {
        pwm_Set(1, ZL);      //左直行
        pwm_Set(2, ZR);      //右直行
        continue;
      }
      if (M1 && M3)
      {
        pwm_Set(1, ZL);
        pwm_Set(2, ZR);
        continue;
```

```
  }
if (M2 && M4)
{
    pwm_Set(1, ZL);
    pwm_Set(2, ZR);
    continue;
}


if(! M1 && M2 && ! M3 && ! M4)
{
    pwm_Set(1, ZL－N1);
    pwm_Set(2, ZR);
}
if(! M1 && ! M2 && M3 && ! M4)
{
    pwm_Set(1, ZL);
    pwm_Set(2, ZR＋N1);
}
if(M1 && M2 && ! M3 && ! M4)          //采用让领先的一侧
                                      //慢下来的策略
{
    pwm_Set(1, ZL－N2);
    pwm_Set(2, ZR);
}
if(! M1 && ! M2 && M3 && M4)          //采用让领先的一侧
                                      //慢下来的策略
{
    pwm_Set(1, ZL);
    pwm_Set(2, ZR＋N2);
}
if(M1 && ! M2 && ! M3 && ! M4)
{
    pwm_Set(1, ZL－N3);
    pwm_Set(2, ZR);
```

```
        }
    if（！M1 && ！M2 && ！M3 && M4）
    {
        pwm_Set（1，ZL）；
        pwm_Set（2，ZR＋N3）；
    }
    }
  }
}
```

在上述函数中，F1、F2、M1、M2、M3、M4、B1、B2 分别对应车体上的传感器。

4 思考题

4.1 什么是模拟量？什么是数字量？

4.2　常用的机器人传感器有哪些？都有什么作用？

4.3　如何提高循迹的精确度？

4.4　如果引导线是白色的,程序需要更改哪些地方?

5 实验要求

5.1 编写机器人循迹程序,使得机器人斜放在图纸上直线部分,能够自动校正位置;

5.2 编写机器人循迹程序,使得机器人能够在图纸圆形弧线部分自主循线。

6 实验步骤

7　自我思考与提问

实验 8　颜色识别实验

1　实验目的

识别五种不同颜色物料的颜色。

2　实验器材

2.1　搬运机器人开发套件 1 套；

2.2　PC 电脑 1 台（windows 7 及以上）；

2.3　相关调试软件 1 套；

2.4　分拣搬运比赛图纸 1 套。

3　预习内容

3.1　颜色识别传感器原理

有三种滤波器：红、绿、蓝。当选择红色时，理论上只允许红色的光通过（其他类似）。根据红、绿、蓝三种模式下的频率值区分颜色。

通过三原色的感应原理可知，通常所看到物体的颜色，实际上是物体表面吸收了照射在它上面的白光（日光）中的一部分有色成分，而反射出的另一部分有色光在人眼中的反应。白色是由各种频率的可见光混合在一起构成的，也就是白光中包含各种颜色的色光（如红 R、黄 Y、绿 G、青 V、蓝 B、紫 P）。根据德国物理学家赫姆霍兹的三原色理论可知，任何一种颜色都是由不同比例的三原色（红、绿、蓝）混合而成的。

TCS320 识别颜色的原理由三原色感应原理可知，如果知道构成各种颜色的三原色的值，就能够知道所测试物体的颜色。对于 TCS320 来说，当选定一个颜色滤波器时，它只允许某种特定的原色通过，而阻止其他原色通过。例如：当选择红色滤波器时，入射光中只有红色可以通过，蓝色和绿色都被阻止，这样就可以得到红色光的光强，同时选择其他的滤波器，就可以得到蓝色光和绿色光的光强,通过这三个值,就可以分析透视到 TCS320 传感器上光的颜色。

图 8.1 中,TCS320 采用 8 引脚的 SOIC 表面贴封装,在单一芯片上集成有 64 个光电二极管,这些二极管分为四种类型,其中 16 个光电二极管带有红色滤波器,16 个光电二极管带有绿色滤波器,16 个光电二极管带有蓝色滤波器,其余 16 个不带有任何滤波器,可以透过全部的光信息,这些光电二极管在芯片内是交叉排列的,能够最大限度地减少入射光辐射不均匀性,从而增加颜色识别的精确度;另一方面,相同颜色的 16 个光电二极管是并联连接的,均匀分布在二极管阵列中,可以消除颜色的位置误差。工作时,通过两个可编程的引脚来动态选择所需要的滤波器,该传感器的典型输出频率范围为 2 Hz～500 kHz,用户还可以通过两个编程引脚来选择 100%、20% 或 2% 的输出比例因子,或电源关断模式。输出比例因子使传感器的输出能够适应不同的测量范围,提高了适应能力。例如,当使用低速的频率计数器时,就可以选择小的定标值,使 TCS320 的输出频率和计数器相匹配。

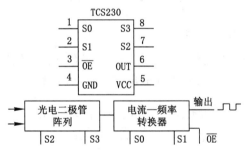

图 8.1　颜色传感器模块

由图 8.2 可知,当入射光投射到 TCS320 上时,通过光电二极管控制引脚 S2、S3 的不同组合,可以选择不同的滤波器;经过电流—频率转换器后输出不同频率的方波,不同的颜色和光强对应不同频率的方波;还可以通过输出定标控制引脚 S0、S1,选择不同的输出比例因子,对输出频率范围进行调整,以适应不同的需求。

```
BSET(GPIOC_PSOR,6);      //让 PTC6 输出高电平
BSET(GPIOC_PSOR,7);      //让 PTC7 输出高电平,这时光电二极管为绿色
wait_nms(10);            //稍微等待一下,让输出信号稳定
green=rbg_get_pluse();   //获取光电二极管为绿色时的脉冲数
```

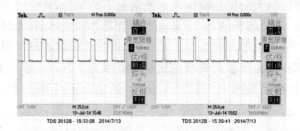

表1 S0、S1、S2、S3的组合选项

S0	S1	输出频率定标	S2	S3	滤波器类型
L	L	关断电源	L	L	红色
L	H	20%	L	H	蓝色
H	L	20%	H	L	无
H	H	100%	H	H	绿色

图 8.2　颜色传感器输出的脉冲在示波器中的图像

3.2　颜色识别基本思想

分别获取每个物块在无滤波、红色滤波、绿色滤波、蓝色滤波下的 4 种脉冲频率,比较其差异(见表 8.1),来区分出五种颜色,如图 8.3 所示。

表 8.1　五种物块在每种滤波下的频率输出

S2	S3	滤波类型	红/kHz	绿/kHz	蓝/kHz	白/kHz	黑/kHz
0	0	红色	76	14	13	127	10
0	1	蓝色	17	14	26	110	9
1	1	绿色	14	22	14	101	8
1	0	无	105	50	58	358	29

测试环境:室内,白天,日光灯,无阳光直射。

测量仪器:Tektronix TDS2012B。

获取的信息:

(1) 白色物块在不滤波时数值特别大,可以直接区分出来;

(2) 红色物块在不滤波时数值仅次于白色,与其他三种颜色区分很大,可以直接区分;

(3) 黑色物块在 4 种滤波模式下均为最小,且前三种滤波模式数值差异很小;

(4) 蓝色、绿色分别在各自滤波颜色的频率值大于在对方滤波颜色的频率值。

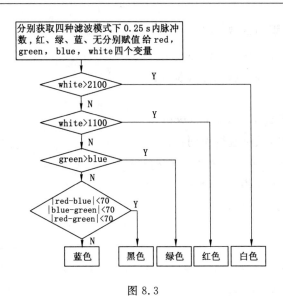

图 8.3

通过 IAR 软件的在线调试,可以观测到在当前环境下,每种物块在 4 种滤波下的脉冲频率,如图 8.4 所示。

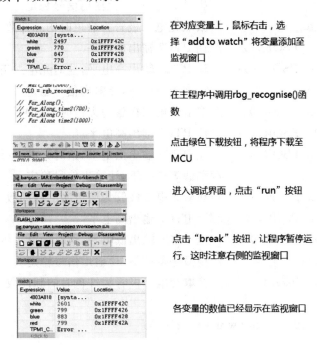

图 8.4

3.3 颜色识别函数

函数：void counter_Init(void)；

功能：初始化颜色识别计数装置；

参数：无。

函数：uint8 rgb_recognise(void)；

功能：对物料颜色进行识别；

* *

* 函数名称：uint8 rgb recognise(void)

* 用途：判断物块的颜色

* 参数：

* 注意：

* *

```
uint8 rgb_recognise(void)
BSET(GPIOC_PSOR,6);        //让 PTC6 输出高电平
BSET(GPIOC_PSOR,7);        //让 PTC7 输出高电平,这时光电二极管为绿色
wait_nms(10);              //稍微等待一下,让输出信号稳定
green=rbg_get_pluse();     //获取光电二极管为绿色时的脉冲数
BSET(GPIOC_PSOR,7);        //让 PTC7 输出低电平
BSET(GPIOC_PSOR,6);        //让 PTC6 输出高电平,这时光电二极管为无色
wait_nms(10);              //稍微等待一下,让输出信号稳定
white=rbg_get_pluse();     //获取光电二极管为无色时的脉冲数
BSET(GPIOC_PSOR,7);        //让 PTC7 输出高电平
BSET(GPIOC_PSOR,6);        //让 PTC6 输出低电平,这时光电二极管为蓝色
wait_nms(10);              //稍微等待一下,让输出信号稳定
blue=rbg_get_pluse();      //获取光电二极管为蓝色时的脉冲数
BSET(GPIOC_PSOR,7);        //让 PTC7 输出高电平
BSET(GPIOC_PSOR,6);        //让 PTC6 输出低电平,这时光电二极管为红色
wait_nms(10);              //稍微等待一下,让输出信号稳定
red=rbg_get_pluse();       //获取光电二极管为红色时的脉冲数

if((white > 1100) && (white < 2100))
{
  temp=RED;
```

```
}
if (white > 2100)
    temp = WHITE;
}
if (white < 1300)
{
    if ((fabs(green - blue) < 40))
    {
        temp =GREEN;
    }
    else
    {
        if ((fabs(green - blue) < 70) && (fabs(red - blue) < 70) &&(fabs
(green - red) <70))
        {
            temp =BLACK;
        }
        else
        {
            temp = BLUE;
        }
    }
}
```

参数:无;

返回值:从 1~5 分别代表红、绿、蓝、白、黑五种颜色。

注意:实际进行颜色识别的时候,需要根据当时情况更改颜色识别函数中的比较阈值。

4 思考题

4.1 颜色识别在现实生活中有哪些应用?

4.2 颜色识别的原理是什么?

4.3　有没有其他颜色识别方法？

4.4　如何提高颜色识别准确性？

5 实验要求

能够根据实际情况修改阈值,对五种颜色的物料进行准确识别。

6 实验步骤

7 自我思考与提问

实验 9　比赛第一环节

1　实验目的

理解比赛规则,完成比赛第一环节。

2　实验器材

2.1　搬运机器人开发套件 1 套;

2.2　PC 电脑 1 台(windows 7 及以上);

2.3　相关调试软件 1 套;

2.4　分拣搬运比赛图纸 1 套。

3　预习内容

3.1　轮式搬运机器人比赛规则(第一环节)

(1) 比赛目的

设计一个小型轮式机器人或人形机器人,模拟工业自动化过程中自动化物流系统的作业过程。机器人在比赛场地内移动,将不同颜色但相同形状的物料分类搬运到设定的目标区域。比赛记分根据机器人所放置物料的位置精度(环数)和数量确定分值。比赛排名由完成时间和比赛记分共同确定。

(2) 比赛任务

在规定时间内,机器人从出发区出发,完成物料的分拣搬运,回到出发点。物料分拣搬运分两个环节:第一个环节为从暗箱中放置的 5 种不同颜色的物料随机抽取 3 种颜色物料,依次放置在场地上标示为 A、C、E 的位置,机器人将这三个物料分拣搬运到对应的颜色区域,每次搬运物料的数量和选择的路径不限。

(3) 比赛场地

如图 0.2 所示。

（4）机器人出发区

机器人出发区如图 9.1 所示。

3.2　任务分解

当 B1、B2（见图 9.2）传感器同时检测到黑线，说明机器人运行到路口或者运行到场地中间（见图 9.3）。然后根据策略需要继续运行到下一个路口或者进行转向。在每两个路口之间是直线或者弧线，机器人执行循迹任务。

图 9.1　出发区

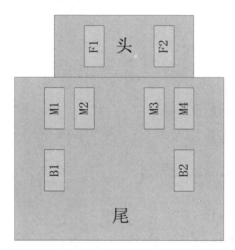

图 9.2　路口识别示意图

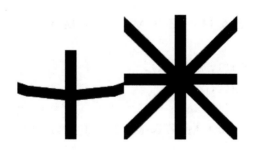

图 9.3

具体函数实现如下：

```
void For_Along()    //444
{
    while(! B1 || ! B2)
    {
    if(! M1 && M2 && M3 &&! M4)
    {
        pwm_Set(1，ZL)；        //左直行
        pwm_Set(2，ZR)；        //右直行
        continue；
    }
    if (M1 && M3)
    {
        pwm_Set(1，ZL)；
        pwm_Set(2，ZR)；
        continue；
    }
    if (M2 && M4)
    {
        pwm_Set(1，ZL)；
        pwm_Set(2，ZR)；
        continue；
    }

    if(! M1 && M2 &&! M3 &&! M4)
    {
        pwm_Set(1，ZL-N1)；
        pwm_Set(2，ZR)；
    }
    if(! M1 &&! M2 && M3 &&! M4)
    {
        pwm_Set(1，ZL)；
        pwm_Set(2，ZR+N1)；
    }
```

```
    if(M1 && M2 && ！M3 && ！M4)        //采用让领先的一侧慢
                                         //下来的策略
    {
      pwm_Set(1，ZL－N2)；
      pwm_Set(2，ZR)；
    }
    if(！M1 && ！M2 && M3 && M4)        //采用让领先的一侧慢
                                         //下来的策略
    {
      pwm_Set(1，ZL)；
      pwm_Set(2，ZR＋N2)；
    }
    if(M1 && ！M2 && ！M3 && ！M4)
    {
      pwm_Set(1，ZL－N3)；
      pwm_Set(2，ZR)；
    }
    if (！M1 && ！M2 && ！M3 && M4)
    {
      pwm_Set(1，ZL)；
      pwm_Set(2，ZR＋N3)；
    }
  }
}
```

其中,ZL、ZR 是保证机器人向前直线运动时左右两侧舵机的速度值的宏定义,N1、N2、N3 是调整系数的宏定义,这些定义能够在 banyun.h 中找到。

3.3　放置物料的时机

当车体夹子上的传感器 F1、F2 检测到黑线时,我们认为是放置物料的时机(见图9.4)。

具体实现函数如下:

```
void For_Along2()   //
{
  while(！F1 || ！F2)
```

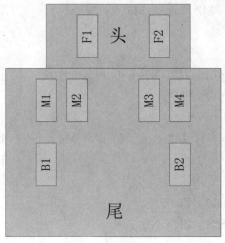

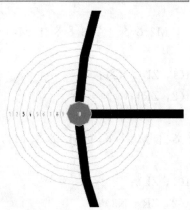

图 9.4　放置物料示意图

```
{
if(！ M1 && M2 && M3 && ！ M4)
{
pwm_Set(1, ZL);        //左直行
pwm_Set(2, ZR);        //右直行
continue;
}
if (M1 && M3)
{
pwm_Set(1, ZL);
pwm_Set(2, ZR);
```

```
      continue;
    }
if (M2 && M4)
    {
      pwm_Set(1, ZL);
      pwm_Set(2, ZR);
      continue;
    }

if(! M1 && M2 && ! M3 && ! M4)
    {
      pwm_Set(1, ZL-N1);
      pwm_Set(2, ZR);
    }
if(! M1 && ! M2 && M3 && ! M4)
    {
      pwm_Set(1, ZL);
      pwm_Set(2, ZR+N1);
    }
if(M1 && M2 && ! M3 && ! M4)       //采用让领先的一侧慢
                                   //下来的策略
    {
      pwm_Set(1, ZL-N2);
      pwm_Set(2, ZR);
    }
if(! M1 && ! M2 && M3 && M4)       //采用让领先的一侧慢
                                   //下来的策略
    {
      pwm_Set(1, ZL);
      pwm_Set(2, ZR+N2);
    }
if(M1 && ! M2 && ! M3 && ! M4)
    {
      pwm_Set(1, ZL-N3);
```

```
        pwm_Set(2，ZR)；
    }
    if（！M1 && ！M2 && ！M3 && M4）
    {
        pwm_Set(1，ZL)；
        pwm_Set(2，ZR＋N3)；
    }
  }
}
```

该函数与循迹到路口的函数相比,只是 while 循环的条件变了。

将物料放置在指定区域后,不能立即 180°旋转,如果立即旋转,机器人的爪子会将物料碰出放置区域,造成失分,因此我们需要让机器人先向后运行一点再调头。因为向后运行的距离很短,因此不采用循迹策略,只是简单地向后直线运行。

具体函数如下:

```
void Back_Along_time(uint16 n)
{
    pwm_Set(1，ZLB)；        //左直行
    pwm_Set(2，ZRB)；        //右直行
    wait_nms(n)；
}
```

当机器人处在场地中间复杂的交叉线上时,循迹函数会因为黑线太多导致误判,所以这里采用先让机器人向前直线运行一小段再循迹的策略,向前运行一小段的程序如下:

```
void For_Along_time2(uint16 n)
{
    pwm_Set(1，ZL)；        //左直行
    pwm_Set(2，ZR)；        //右直行
    wait_nms(n)；
}
```

此外还可能需要用到的函数:

停车函数,调用该函数,机器人左右两轮停止运动。

```
void car_stop()
{
```

```
    wait_nms(20);
    pwm_Set(1, 281);
    pwm_Set(2, 281);
    wait_nms(20);
}
```

控制策略:首先控制机器人从出发区出发(图 9.5),通过两个路口到达场地的中间,然后分别将 A、E 处的物料搬运至 M、N 处。此时,场地上半区只剩下 C 处的物料,且其他物料放置路线上均无遮挡。首先识别 C 处物料颜色并搬运至相应区域,然后分别识别 M、N 处物料颜色并搬运至相应区域。对应的三个函数名分别如下:

　　void C_colour_go(uint8 n);

　　void F_colour_go(uint8 n, uint16 t);

　　void G_colour_go(uint8 n, uint16 t);

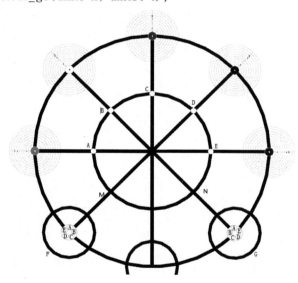

图 9.5　场地示意图

4 思考题

4.1 除了本实验介绍的搬运策略,还有哪些搬运策略?

4.2 本实验介绍的策略是不是最优策略？

4.3 如何提高机器人在比赛中的表现？

4.4　如果只考虑第一环节,有多少种可能的组合?

5 实验要求

完成比赛环节一的要求。

6 实验步骤

7 自我思考与提问

实验 10　比赛第二环节

1　实验目的

完成比赛任务第二环节。

2　实验器材

2.1　搬运机器人开发套件 1 套；

2.2　PC 电脑 1 台（windows 7 及以上）；

2.3　相关调试软件 1 套；

2.4　分拣搬运比赛图纸 1 套。

3　预习内容

第二个环节为将 F、G 两个储料区中共计 10 个物块取出分拣搬运至对应颜色区域。每次搬运物料的数量和选择的路径不限。

需要用到的函数：

void pwm_Set(uint8 ch，uint16 duty)；

void slow_move(uint8 ch，uint16 n，uint16 t)；

第一个函数用来调整钩子左右方向，第二个函数用来调整钩子钩取物料和放置物料的速度。关于 void slow_move(uint8 ch，uint16 n，uint16 t) 的具体实现如下：

```
void slow_move(uint8 ch，uint16 n，uint16 t)
{
  uint16 temp；int16 x；
  uint16 i；
  switch（ch）
  {
    case 1：temp = TPM0_C0V；
```

```
                        break;
        case 2 : temp = TPM0_C1V;
                        break;
        case 3 : temp = TPM0_C2V;
                        break;
        case 4 : temp = TPM0_C3V;
                        break;
        case 5 : temp = TPM0_C4V;
                        break;
        case 6 : temp = TPM0_C5V;
                        break;
        case 7 : temp = TPM1_C0V;
                        break;
        case 8 : temp = TPM1_C1V;
                        break;
        case 9 : temp = TPM2_C0V;
                        break;
        case 10 : temp = TPM2_C1V;
                        break;
    }
    x = n - temp;
    if (x > 0)
    {
      for (i = temp; i < n; i++)
      {
        pwm_Set(ch, i);
        wait_nms(t);
      }
    }
    else
    {
      for (i = temp; i > n; i--)
      {
        pwm_Set(ch, i);
```

```
        wait_nms(t);
    }
  }
}
```

该函数实现的基本思想为：将一步执行变为分步执行，每步之间加上时间延迟，从宏观上看就像降低了运行的速度。

搬运策略：将 F、G 处的物料逐一钩出，分别放置在 M、N 处，然后调用函数 void F_colour_go(uint8 n，uint16 t)；void G_colour_go(uint8 n，uint16 t)进行搬运。

4　思考题

4.1　为什么需要 slow_move 函数？

4.2 第二环节难在什么地方？

4.3 如何提高机器人在第二环节的表现？

4.4　有没有其他更好的策略？

5 实验要求

完成比赛第二环节。

6 实验步骤

7   自我思考与提问

实验 11 拓 展 实 验

1 实验目的

1.1 在完成比赛的基础上改进搬运机器人,能将物品叠加放到一起,使比赛得分更高;

1.2 在完成比赛的基础上改进小车,能进行搬运创意赛的比赛。

2 实验器材

2.1 搬运机器人开发套件 1 套;

2.2 PC 电脑 1 台(windows 7 及以上);

2.3 相关调试软件 1 套;

2.4 分拣搬运比赛图纸 1 套。

3 预习内容

本节之前内容都能熟练掌握,循迹、颜色识别、舵机等实验都能熟练完成。

CCD 是目前机器视觉最为常用的图像传感器,它集光电转换及电荷存贮、电荷转移、信号读取于一体,是典型的固体成像器件。CCD 的突出特点是以电荷作为信号,而不同于其他器件是以电流或者电压为信号。这类成像器件通过光电转换形成电荷包,而后在驱动脉冲的作用下转移、放大输出图像信号。典型的 CCD 相机由光学镜头、时序及同步信号发生器、垂直驱动器、模拟/数字信号处理电路组成。CCD 作为一种功能器件,与真空管相比,具有无灼伤、无滞后、低电压工作、低功耗等优点。

CMOS 图像传感器的开发最早出现在 20 世纪 70 年代初,90 年代初期,随着超大规模集成电路(VLSI)制造工艺技术的发展,CMOS 图像传感器得到迅速发展。CMOS 图像传感器将光敏元阵列、图像信号放大器、信号读取电路、模数转换电路、图像信号处理器及控制器集成在一块芯片上,具有局部像素的编程随机访问的优点。CMOS 图像传感器以其良好的集成性、低功耗、高速传输和宽动态范围等特点在高分辨率和高速场合得到了广泛的应用。

按照芯片类型可以分为 CCD 相机、CMOS 相机；

按照传感器的结构特性可以分为线阵相机、面阵相机；

按照扫描方式可以分为隔行扫描相机、逐行扫描相机；

按照分辨率大小可以分为普通分辨率相机、高分辨率相机；

按照输出信号方式可以分为模拟相机、数字相机；

按照输出色彩可以分为单色（黑白）相机、彩色相机；

按照输出信号速度可以分为普通速度相机、高速相机；

按照响应频率范围可以分为可见光（普通）相机、红外相机、紫外相机等。

在视频和图像编码中，常用的色彩模式主要有 RGB 和 YUV 两大类。

（1）RGB

RGB 色彩模式是对红（Red）、绿（Green）、蓝（Blue）三原色进行叠加得到需要的颜色。

RGB 色彩模式为每一个红、绿、蓝分量分配了 0～255 范围内的亮度值。

RGB 色彩模式通常用格式 RGB(0,0,0) 来表示颜色，括号中的 3 个数字分别表示红、绿、蓝的亮度值。如：黑色 RGB(0,0,0)、白色 RGB(255,255,255)、红色 RGB(255,0,0)。

由于红、绿、蓝可以按照不同的比例混合，则能够表示 16 777 216 种颜色（256×256×256＝16 777 216），这个标准几乎包括了人类视力所能感知的所有颜色。

当红、绿、蓝三种颜色分量相同时就会形成灰色，比如 RGB(128,128,128)。灰度颜色有 256 种变化，即从 RGB(0,0,0) 到 RGB(255,255,255) 共 256 种颜色。

RGB 色彩模式在输出时需要 3 个独立的图像信号同时传输，带宽占用较高。

常见的 RGB 格式有：RGB1、RGB4、RGB8、RGB565、RGB555、RGB24、RGB32、ARGB32 等。在 OpenCore 中，支持的 RGB 格式包括：RGB8、RGB12、RGB16、RGB24 等。RGB 模式通常用于最原始的视频数据和图像。

① 什么是 RGB565？

RGB565 彩色模式，一个像素占两个字节，其中：低字节的前 5 位用来表示 B(BLUE)，低字节的后 3 位＋高字节的前 3 位用来表示 G(Green)，高字节的后 5 位用来表示 R(RED)。

Memory Layout 如图 11.1 所示。

② RGB565、RGB555、RGB888 的区别

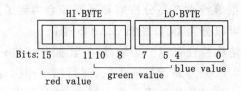

图 11.1　RGB565

正常的 RGB24 是由 24 位即 3 个字节来描述一个像素，R、G、B 各 8 位。而实际使用中为了减少图像数据的尺寸，如视频领域，对 R、G、B 所使用的位数进行的缩减，如 RGB565 和 RGB555。

RGB565 就是 R－5bit、G－6bit、B－5bit；

RGB555 就是 R－5bit、G－5bit、B－5bit；

RGB888 就是 R－8bit、G－8bit、B－8bit，其实这就是 RGB24。

至于 Bitmap，是在 RGB 的像素数据基础上增加位图数据而形成的文件格式。

一般，BMP 是 RGB888，JPEG 是 YUV，其他的要看对这种格式的描述或者问文件所有者。

RGB565 是 16 位的，2 个字节，5＋6＋5，第一字节的前 5 位是 R，后 3 位＋第二字节前 3 位是 G，第二字节后 5 位是 B。

RGB555 也是 16 位的，2 个字节，RGB 各 5 位，有 1 位未用。

RGB888 是 24 位的，3 个字节。

在 Android 平台中，Bitmap 可以是 ARGB_8888（每个像素 4 个字节）或者 RGB_565（每个像素 2 个字节）编码的，参考：Bitmap. Config。

（2）YUV

YUV 是一种颜色编码方法。

YUV 是编译 true—color 颜色空间（color space）的种类，Y'UV、YUV、YCbCr、YPbPr 等专有名词都可以称为 YUV，彼此有重叠。"Y"表示明亮度（Luminance、Luma），"U"和"V"则是色度、浓度（Chrominance、Chroma），Y'UV、YUV、YCbCr、YPbPr 常常有些混用，其中 YUV 和 Y'UV 通常用来描述类比讯号，而 YCbCr 与 YPbPr 则是用来描述数位的影像讯号，例如在一些压缩格式 MPEG、JPEG 中，但目前，YUV 已经在电脑系统上广泛使用。YUV Formats 分成紧缩格式和平面格式。

紧缩格式（packed formats）：将 Y、U、V 值储存成 Macro Pixels 阵列，和 RGB 的存放方式类似。

平面格式（planar formats）：将 Y、U、V 的三个分量分别存放在不同的矩阵中。

　　紧缩格式(packed format)中的 YUV 是混合在一起的,对于 YUV4∶4∶4
格式而言,用紧缩格式很合适的,因此就有了 UYVY、YUYV 等。

　　平面格式(planar formats)是指每 Y 分量、U 分量和 V 分量都是以独立的
平面组织的,也就是说,所有的 U 分量必须在 Y 分量后面,而 V 分量在所有 U
分量后面,此一格式适用于采样(subsample)。平面格式(planar format)有 I420
(4∶2∶0)、YV12、IYUV 等。

4　思考题

4.1　如果改成叠加放置物块,需要在硬件上有哪些改动?

4.2 如果改成叠加放置,需要在软件上有哪些改动?

4.3 如果需要小车识别更多的颜色需要改动什么? 如何改?

4.4　能否用摄像头完成颜色识别功能？

5　实验要求

根据思考题,选择相应的硬件,编写相应的软件,实现其功能。

6　实验步骤

7　自我思考与提问

附录 机器人搬运工程比赛规则

比赛简介

比赛目的

设计一个小型轮式机器人或人形机器人,模拟工业自动化过程中自动化物流系统的作业过程。机器人在比赛场地内移动,将不同颜色但相同形状的物料分类搬运到设定的目标区域。比赛记分根据机器人所放置物料的位置精度(环数)和数量确定分值。比赛排名由完成时间和比赛记分共同确定。

比赛内容及任务

项目1 标准项目比赛

比赛分组:

(一)本科院校组

1. 光电车型赛

2. 摄像头车型赛

3. 人型赛

(二)职业院校组

1. 光电车型赛

2. 摄像头车型赛

3. 人型赛

比赛任务:

1. 在规定时间内,机器人从出发区出发,完成物料的分拣搬运,回到出发点;

2. 物料分拣搬运分两个环节:第一个环节为从暗箱中放置的5种不同颜色的物料随机抽取3种颜色物料,依次放置在场地上标示为 A、C、E 的位置,机器人将这3个物料分拣搬运到对应的颜色区域;第二个环节为将 F、G 两个储料区中共计10个物块取出分拣搬运至对应颜色区域。每次搬运物料的数量和选择的路径不限。

项目2　创新创意赛

比赛分组：

（一）本科院校组

创新创意赛

（二）职业院校组

创新创意赛

比赛任务：

以小型轮式或人形机器人搬运比赛为主题展开，是标准项目比赛的扩展和延伸。参赛队使用物料数量可在5～15块之间选择。在不破坏比赛场地的前提下，可充分利用场地，机器人进行创新创意演示。也可添加一定的辅助器件。

比赛规则

细则一　比赛场地

场地尺寸	1. 比赛区域为2 260 mm×2 260 mm； 2. 比赛区域扩展后不存在碰撞围栏的问题，当机器人车体完全跑出了比赛区域，则结束比赛
场地制作 图纸下载	1. 场地材质：使用(长)2 440 mm×(宽)2 440 mm×(高)20 mm的两块白色实木颗粒板平铺在地板上，并在外围配以(长)2 440 mm×(宽)20 mm×(高)200 mm的白色实木颗粒板作为四周的围栏； 2. 图纸制作：亚光PVC膜纸，可将下载好的图纸电子档(CAD文件)送至打印店，由打印店通过计算机彩色喷绘完成图纸制作(无需对图纸的尺寸及颜色等做更改，直接制作即可)； 3. 场地制作：将白色实木颗粒板平放在平地上，将喷绘好的图纸平铺并固定到实木颗粒板上(保证图纸位置与场地位置中心重合)即可； 4. 可在QQ讨论群(群号314935820)共享或者登录www.robotmatch.cn下载场地制作AutoCAD图、场地制作方案等文件，另外关于图纸制作的任何疑问，可以联系竞赛组委会或通过QQ讨论群进行咨询
场地照明	1. 由于实际比赛条件的限制，场地照明情况以承办方提供的比赛条件为准； 2.参赛机器人必须适应承办方提供的比赛条件

续表

场地标识	1. 出发区：如附图 1 所示，圆的直径 320 mm，线宽 20 mm，出发时机器人的所有部位必须在出发区内； 2. 物料摆放点： 物料摆放点包括两部分，其中第一部分物料存储区位于内圆与搬运辅助线的交点上，从左到右依次用黑色字体标识为 A、B、C、D、E； 第二部分物料存储区 F、G 的位置如附图 2 所示，由 5 个与物料直径相同的小圆构成环形物料存储区，依次用白色字体标识为 A、B、C、D、E。 3. 物料目标区：位于以场地中心为圆心、半径为 780 mm 的同心圆环上，如附图 2 所示，同心圆轮廓线颜色为 50％灰度，线宽为 2 mm，从圆环（物料目标区）中心向外，半径分别为 30 mm、46 mm、62 mm、78 mm、94 mm、110 mm、126 mm、142 mm、158 mm、174 mm，分值标识分别为 10、9、8、7、6、5、4、3、2、1，字体高度 10 mm，宋体，加粗（除了黑色中心圆 10 字样为白色外），其中 5 个中心圆从左到右依次填充为绿色、白色、红色、黑色、蓝色。 4. 搬运辅助线：场地中的黑色线均可作为循迹辅助线，其线宽为 20 mm。机器人在分拣搬运过程中也可以不采用循迹方式； 5. 三基色标定柱：场地四角标识有①、②、③、④的位置，每个区域的半径为 160 mm，如附图 2 所示，标定柱的直径为 50 mm、高度为 90 mm，分为三等份，1 号区域的标定柱三部分颜色从上至下依次标识为红色、绿色和蓝色，2 号区域的标定柱三部分颜色从上至下依次标识为绿色、蓝色和红色，3 号区域的标定柱三部分颜色从上至下依次标识为蓝色、红色和绿色，4 号区域的标定柱三部分颜色从上至下依次标识为红色、蓝色和绿色，其制作材质和制作工艺和物料制作一致
物料制作	1. 物料数量：加工制作 15 个直径为 40 mm、高度为 40 mm 的圆柱形料块，3 个一组，分为 5 组，颜色分别为绿色、白色、红色、黑色、蓝色； 2. 制作方法（推荐）：购买外径为 40 mm 的白色 PVC 水管，制作高度为 40 mm 的物料，侧面用五色喷绘不干胶粘贴，并且保证物料为空心
场地使用	1. 正式比赛时的比赛场地和物料以承办方提供的实际场地和物料为准； 2. 参赛机器人必须适应承办方提供的比赛场地和物料

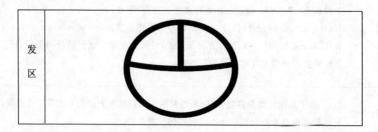

附图 1　机器人出发区示意图

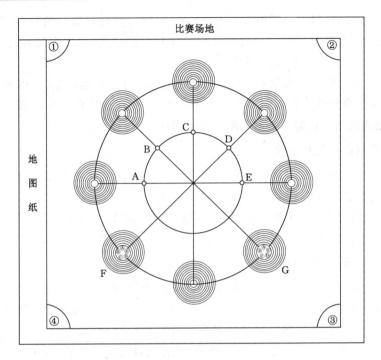

附图 2　比赛场地示意图

细则二　报名队伍数量及场地上机器人的数量

1. 各学校可以以学校为参赛单位报名,也可以以个人或公司名义报名,具体报名队伍数量以大赛通知文件为准。

2. 每支参赛队使用 1 个机器人参加比赛;标准项目与创新创意赛可合用 1 个机器人。

3. 比赛前,各个参赛队需要对机器人进行登记并粘贴标识。同一个机器人只能代表一支队伍参加比赛。

细则三　参赛机器人的结构与制作

为使各参赛队能在同一个平台上进行公平比赛,对参赛使用的机器人做如下限制:

1. 机器人可以在规则允许的条件下,扩展多种传感器来对机器人的比赛过程进行精确控制,以求取得更好的成绩。

2. 机器人尺寸,是指机器人在比赛过程中所有部位展开后测得的最大尺寸。轮式机器人尺寸不大于(长)270 mm×(宽)160 mm,轮子直径≤100 mm;人形机器人单足的最大尺寸不大于(长)150 mm×(宽)90 mm。

3. 人形机器人必须以双足直立行走方式行进,有较明显的头、手臂、躯干和腿部结构,与人体的结构比例相协调。为区别轮式机器人的搬运方式,规定人形机器人搬运物料必须使用手臂部分。

4. 参赛机器人可以是参赛队自主设计和手工制作的机器人,也可以是参赛队购买组合套件后自行组装调试的机器人,即允许这两种情况的机器人同场比赛,相同情况下购买的机器人酌情降级评奖。

细则四　裁判工作

1. 每场比赛将委派两名裁判员执行裁判工作,裁判员在比赛过程中所作的判决将为比赛权威判定结果,参赛队伍必须接受裁判结果。

2. 执行比赛的所有规则;监督比赛的犯规现象;记录比赛的成绩和时间;核对参赛队伍的资质;审定场地、机器人等是否符合比赛要求。

细则五　比赛要求

1. 所有比赛队伍必须提供 WORD 电子版本和纸质版本的技术报告(含设计方案、主要算法、竞赛策略等),纸质版本正式比赛时按要求交至相应工作人员处,电子版本按要求拷贝至主办方指定的电脑中。

2. 如现场条件许可,正式比赛前,所有机器人将统一编号,并摆放在指定区域。比赛时到摆放区域直接领取相应的机器人参加比赛。比赛完成后再放回摆放地点。所有比赛结束方可领回机器人。如需维修等事宜需请示现场裁判是否许可。如现场条件限制,由竞赛委员会商讨决定如何编号等事宜。

3. 机器人在得到裁判指令后启动,没有裁判指令不可以再次接触机器人,由机器人自主运行完成比赛。在机器人正式开始比赛后,如果机器人连续停止超过 20 s,则终止比赛。

4. 参赛队员在计时员发出开始口令后才能触发机器人启动,否则判定犯规离场。

细则六　比赛成绩

比赛安排:

1. 裁判长根据报名情况和现场比赛情况决定是否进行复赛和决赛。

2. 参赛队抽签决定出场顺序,进行一轮比赛,2 次上场机会。取两次的最好成绩为该队的最终成绩,参赛队有权选择在第一次完成比赛后是否继续进行第二次尝试。

比赛排名:

1. 先以比赛总分计算名次,总分高者排名靠前。

2. 若比赛总分相同,则以完成时间决定比赛排名,耗时少者名次靠前。

3. 若比赛时间也相同,则相同排名的队伍在现场裁判的指导下,继续进行一轮附加赛。

细则七 计分细则

1. 物料位置精度分值:

以物料脱离机器人后的最终状态时的最外边位置所对应的垂直投影点处在目标区的靶位环数计算得分,其取值范围为 1 至 10 分。物料位于靶心分值最高,取 10 分(限定机器人至少完成一个物料的搬运且搬运物料要有得分,才能获得返回出发区得分)。

2. 分拣料块得分原则:

结束比赛后,物料必须与机器人脱离,才能计算分数。

3. 返回出发点得分原则:

比赛终止时刻,轮式机器人若有一个轮子(人形机器人的单足)与地面的接触点在出发区内,并且机器人已经停止动作,则认为已经回到出发点,得 10 分。若机器人无法自动回到出发区时,参赛队员可以口头通知裁判员提前终止比赛,记 0 分。

4. 出现下列情况,不得分:

(1) 整个比赛过程,机器人必须自主完成比赛任务,不能人为干预机器人(包括直接接触和场外遥控等)。发生人为干预机器人的现象,记 0 分。

(2) 参赛队之间不能互相借用机器人,同一个机器人只能代表一支参赛队比赛。发生借用他队机器人的现象,记 0 分。

(3) 比赛终止时,正在移动的物料记 0 分(不计入最终得分)。

5. 比赛得分按照位置精度和完成时间综合评定。有关位置精度的计分方法如下:

(1) 精度分值 = 放置在目标区的料块靶位环数之和;

(2) 比赛总分 = 精度分值 + 返回出发区分值。

细则八 比赛任务

比赛要求:

参赛机器人应依次完成两个任务:任务一为将五个不同颜色物块中的三个物块分拣搬运至目标区对应的颜色区域中;任务二为将比赛场地中 F、G 物料区中共计 10 个物块搬运至相对应的颜色所指示的目标区(如绿色物料搬运到绿色目标区,以此类推)。

比赛抽签:

比赛之前,在现场工作人员组织下,参赛队员从放在暗盒中的五个不同颜色

（绿、白、红、黑、蓝）的物料，按每次抽取一个的方式依次抽出，实时记录抽出顺序，分别决定任务一需搬运的三个物块颜色（依次抽取之后，选择第一次、第三次、第五次所抽颜色物块分别放置在环节一所对应 A、C、E 物料放置区）；同时决定任务二所对应的 F、G 物料区 A、B、C、D、E 物料颜色顺序（即按照抽取时的颜色顺序依次放置）。

比赛任务：

待工作人员按抽取顺序将物料放置完成后，参赛人员可利用最长 3 min 的准备时间，根据确定的搬运任务进行现场调试；准备时间到，机器人从出发区出发，将 A、C、E 位置上摆放的物料，搬运到相对应的颜色所指示的目标区（如黄色物料搬运到黄色目标区，以此类推）；任务一结束之后（要求任务一必须有得分，方可进行任务二的比赛），参赛机器人可以自行规划路径将 F、G 两个储料区中共计 10 个物块分拣搬运至对应颜色的目标区域，每次所取物块数量和路径不限。

比赛时间：

抽签后，准备时间最长为 5 min，正式比赛时间最长为 8 min，如果超出比赛时间，机器人仍未返回出发区，则由现场裁判决定是否终止比赛。

细则九　其他

1. 比赛如果设立奖金，分配比例为指导教师 40％、参赛学生 60％（以奖状上名单为准）；

2. 其他规则与要求中的未尽事宜，以技术委员会解释为准，并请随时关注技术论坛（链接：www.robotmatch.cn）中更新的与比赛有关的动态。